Mein Hund ist ein Genie!

W0311685

David Taylor

Mein Hund ist ein Genie!

Übersetzt aus dem Englischen von Claudia Ade

136 Farbfotos

Ulmer

Widmung

Für meine Frau Christine

Inhalt

Einleitung

Die Evolution hat viele tausend Jahre gebraucht, um aus dem Wolf den besten Freund des Menschen entstehen zu lassen. Der im Sozialverband lebende Hund hat sich mit dem ebenfalls im Sozialverband lebenden *Homo sapiens* zusammengetan – zur gegenseitigen Freude und Zusammenarbeit. Heute können Hunde tausende Euros bei Hundeausstellungen gewinnen und werden für Aufgaben eingesetzt, die der Mensch nicht beherrscht: z. B. Drogen, Landminen, Krankheiten, kostbare Trüffel oder sogar illegale Handys im Gefängnis erschnüffeln.

Der beste Freund des Menschen

Die Domestizierung des Hundes ist ein einzigartiges Beispiel für eine Symbiose zwischen zwei Spezies. Beide sind von Natur aus Rudel- bzw. Familientiere, die sich zu gegenseitigem Nutzen zusammengeschlossen haben. Für den Menschen war der Hund schon immer ein vielseitig einsetzbarer Mitarbeiter und Kumpel in angenehmer Größe. Der Hund hat sich sehr schnell an das Leben als Haustier angepasst: Er ist leichter unterzubringen als ein Pferd oder eine Kuh und ist außerdem ein Allesfresser.

Doch vor allem hielt der Mensch den Hund für **schlau** und **intelligent.** Dieses Buch analysiert die Bedeutung dieser beiden Begriffe. Sind Hunde tatsächlich so intelligent? Kann man sie vielleicht sogar als genial bezeichnen? Hunde haben eine schnellere Auffassungsgabe als die nächsten Verwandten des Menschen, die Schimpansen, sie können Aufgaben genauso geschickt lösen wie Delfine und sind bei alldem auch noch äußerst geduldig.

Die Vorfahren

Vor ungefähr 10.000 bis 14.000 Jahren – möglicherweise auch schon vor 35.000 Jahren – traten Hunde, wie wir sie kennen, zum ersten Mal in Eurasien in Erscheinung. Heute ist man der Auffassung, dass ihre Vorfahren der kleineren südlichen Unterart des Grauwolfs (*Canis lupus pallipes*) angehörten, die heute noch in Indien leben. In der betreffenden Zeit war der Grauwolf in ganz Europa, Asien und Nordamerika verbreitet. Als weitere mögliche Vorfahren des Hundes kommen der Tibetanische Wolf Nordindiens bzw. Tibets sowie der im Mittleren Osten lebende Steppenwolf in Frage. Es gilt als sicher, dass all unsere heutigen Haushundrassen einem gemeinsamen Ursprung entstammen und dass sie sonst mit keiner anderen Spezies genetisch verbunden sind.

Neueste Forschungen gehen davon aus, dass alle Hunde von einigen wenigen Wölfen abstammen, die vor rund 13.000 Jahren in China gezähmt wurden. Dank ihrer Intelligenz, Vielseitigkeit und ihres kooperativen Sozialverhaltens verbreiteten sich die Wildhunde sehr schnell auf der ganzen Welt, mit Ausnahme der Antarktis.

Frühe Domestizierung

Wahrscheinlich wurden die wilden Hunde auf verschiedene Art und Weise und in den unterschiedlichsten Teilen der Welt domestiziert: Einige wurden bei ihrer gewohnheitsmäßigen Futtersuche in der Nähe menschlicher Behausungen eingefangen, andere wurden bereits als Welpen mitgenommen und zum menschlichen Verzehr gemästet. Sie waren wahrscheinlich die ersten Tiere, die der Mensch domestizierte, knapp gefolgt von Schweinen und Enten, die sich ihr Futter ebenfalls in den Abfallhaufen der Menschen suchten.

Selektive Zucht

Schon bald erkannten die Menschen, welches Potenzial im Hund schlummert. Man konnte sie für allerlei Aufgaben einsetzen und so begann der Mensch allmählich mit der selektiven Zucht von Hunden für die unterschiedlichsten Zwecke. Es wurde mit Tieren gezüchtet, die auch beim Heranwachsen einige Verhaltensmerkmale aus der Welpenzeit nicht verloren – eine ganz wichtige Eigenschaft des Hundes als bester Freund und Helfer des Menschen.

Allmählich entwickelten sich Hundetypen, die auf bestimmte Einsatzbereiche spezialisiert waren, so z. B. als Wachhunde, Last- und Zugtiere, Kampf- oder Jagdhunde. Später wurden sie auch im Sport eingesetzt oder einfach nur als angenehm wärmende „Handschmeichler“. Im Lauf der Jahrhunderte schossen die Hunderassen wie Pilze aus

dem Boden und man konzentrierte die Zucht auf ausgewählte Aspekte bzw. Arten der Jagd. In unserem modernen Zeitalter zeigen die Begleit-, Rettungs- und Polizeihunde, über welch erstaunliche Fähigkeiten sie verfügen. Es gab eine Zeit, in der viele Wissenschaftler der Auffassung waren, dass der Domestizierungsprozess die natürliche Intelligenz des Hundes beeinträchtigt habe, neueste, vor allem in Ungarn durchgeführte Studien zeigen jedoch, dass das Gegenteil der Fall ist.

In unseren Hunden steckt viel viel mehr, als die meisten Menschen – auch Hundehalter – vermuten. Finden Sie es heraus!

Enthüllungen aus der Vergangenheit

In Israel fand man ein 12.000 Jahre altes Grab, welches das Skelett eines Menschen enthielt, der mit einer Hand einen Welpen kraulte. Es lässt sich leider nicht feststellen, ob es sich bei dem Welpen um einen Wolf oder einen Hund handelte, offensichtlich ist jedoch die liebevolle Beziehung zwischen Besitzer und Haustier. Im Alten Ägypten nahmen zwar Katzen eine Vorrangstellung unter den Tieren ein und wurden als Götter verehrt, doch galten Hunde als Symbol des Gottes Anubis und man hielt sie als Haustiere. Oft wurden sie nach ihrem Tod mumifiziert und entweder mit ihrem Besitzer zusammen oder auch im eigenen Sarg beerdigt. In Abydos war ein Teil des Friedhofs den Hunden vorbehalten – dort wo auch Frauen, Bogenschützen und Zwerge beerdigt wurden. Die Römer verehrten Hunde ebenso und brachten dem Gott Procyon in der astronomischen Konstellation des Kleinen Hundes und – genau wie die Ägypter – Anubis im Großen Hund, Opfer dar. In zehntausend Jahre alten Höhlenablagerungen in Tschechien sowie aus einer etwas späteren Steinzeitperiode in Yorkshire, entdeckte man versteinerte Hundeknochen. Im Irak stieß man auf kleine Skulpturen von ringelschwänzigen Hunden, die aus dem Jahr 6.500 v. Chr. stammen.

Ursprüngliche Rassen

Etwa zu Beginn des Bronze-Zeitalters, vor rund 4.500 Jahren, gab es fünf verschiedene Hundetypen: Mastiffs, wolfsähnliche Hunde, Greyhounds, dem Pointer verwandte Hunde und Hütehunde. Die aus Tibet stammenden mastiffähnlichen Hunde wurden in der Steinzeit domestiziert und später von den Babyloniern, Assyrern, Persern und Griechen auf dem Schlachtfeld eingesetzt. Aus den wolfsähnlichen Hunden entstanden unsere heutigen, mit dem Spitz verwandten Hunde, wie z. B. der Elchhund, der Sibirische Husky, der Keeshond und der Eskimohund. Die als Jagdhunde wegen ihrer Sehschärfe sehr geschätzten Grey-

Genialer Hund

Endal ist ein Labrador Retriever. Sein Herrchen, Allen Parton, ist ein Golfkrieg-Veteran und aufgrund seiner Lähmung an den Rollstuhl gefesselt. Wenn Allen morgens aufwacht, zieht Endal mit den Zähnen die Bettdecke weg und stupst die Beine seines Herrchens in die richtige Position für den Rollstuhl. Anschließend holt der Hund die Zeitung. Wenn es nötig ist, begleitet er Allen auch zum Geldautomaten: Endal nimmt die Karte und führt sie in den Automaten ein, danach entnimmt er mit seinen Zähnen das Geld und die Karte. Allen muss dabei nichts tun, außer seine PIN eingeben. Später füllt Endal die Waschmaschine mit Allens Kleidern und holt Messer, Gabel und Teller fürs Frühstück. Wenn es gegen Abend dunkel wird, macht er im Haus das Licht an. Als sein Herrchen auf einem Parkplatz einmal bewusstlos wurde und aus dem Rollstuhl kippte, schubste Endal ihn auf die Seite, legte eine Decke über ihn und brachte sein Handy in seine Nähe.

hounds gehören zu den ältesten Rassen und sind bereits auf 8.000 Jahre alter Töpferware aus Mesopotamien abgebildet. Greyhounds haben die gleichen Vorfahren wie Salukis, deren Ursprung vor 8.000 Jahren in Syrien lag. Aller Wahrscheinlichkeit nach wurden die Pointer zur Jagd auf Kleinwild aus den Greyhounds gezüchtet. Hütehunde, die jahrtausendelang die Herden vor Raubtieren schützten, stammen wohl ursprünglich aus Europa.

Aus diesen fünf Grundtypen entwickelten sich – durch natürliche bzw. künstliche Selektion – unzählige Hunderassen. Als die Europäer im 15. und 16. Jh. in Nord- und Südamerika landeten, fanden sie mindestens 20 verschiedene Hunderassen vor: Von diesen haben bis heute nur wenige überlebt, u. a. der Mexikanische Nackthund, der Eskimohund sowie der Peruanische bzw. Chilenische Wildhund. Weiterhin zählen zu den ältesten Rassen der nicht bellende Basenji aus Afrika und der Afghanische Windhund. Viele Rassen verschwanden im Lauf der Jahrhunderte, sodass es heute nur noch rund 400 Hunderassen gibt.

Top Dog

Von Anfang an hat sich der Hund in die Gesellschaft des Menschen so perfekt eingefügt wie sonst kein anderes Haustier. Der Grund für die Entwicklung dieser einzigartigen Beziehung ist die ähnliche Sozialstruktur zwischen Wolfsfamilie bzw. Hundegruppe und menschlicher Familie: Hinzu kommen noch der wache Verstand des Hundes und seine Anpassungsfähigkeit. Tatsächlich fühlt sich der Hund als Familienmitglied. Das ist z. B. bei Pferden, Katzen oder Wellensittichen – so zutraulich und freundlich sie auch sein mögen – nicht der Fall. Der Hundehalter sollte aber immer die Leitfunktion innehaben.

Wir wissen, dass Hunde den Menschen auch aus gesundheitlicher Sicht einfach gut tun: Neuen Erkenntnissen zufolge weisen Hundehalter einen niedrigeren Blutdruck und Cholesterinspiegel auf und haben – im Vergleich zu Nicht-Hundehaltern – eine um 9 % höhere Chance, ein Jahr nach einem Herzinfarkt noch am Leben zu sein.

In der Gegenwart eines Hundes verringern sich bei Herzpatienten Angstzustände, Stress und Herz-/Lungendruck. Bewohner von Altersheimen fühlen sich im Beisein eines Hundes weniger einsam als bei einer Person. Es scheint, als ob die Altenheimbewohner durch Hundebesucher dazu ermutigt würden, sich von ihrer Seelenlast zu befreien.

Der **Intellekt** des Hundes

Es ist eine erstaunliche Tatsache, dass Hunde von Geburt an die außergewöhnliche Fähigkeit besitzen, uns Menschen zu beobachten und mit uns zu kommunizieren. Schnell und mit großer Begeisterung lernen sie, den Menschen in seiner Handlungsweise nachzumachen – etwas, was selbst Schimpansen mit ihrem größeren Gehirn sehr schwer fällt. Man muss jedoch sehen, dass Schimpansen nie wirklich vom Menschen domestiziert wurden.

Bis vor kurzem war man noch der Meinung, dass die Domestizierung die Intelligenz des Hundes verkümmern ließ; heute wissen wir, dass die enge Verbindung zwischen Hund und Mensch von Beginn des Domestizierungsprozesses an die Intelligenz gefördert hat. Indem der Mensch (der Hundehalter) mit dem Hund spricht, mit ihm spielt und ihm viele Dinge beibringt, hat er seine geistigen Fähigkeiten bis zu einem Punkt weiterentwickelt, an dem selbst höhere Primaten, wie z. B. Schimpansen, nicht mehr mithalten können.

Für jeden Tierfreund kann – und sollte – dies ein fortwährender Prozess sein, vergleichbar mit demjenigen zur Steigerung der mentalen Fähigkeiten unserer Kinder. Der Intellekt des Hundes will gefördert und gefordert sein, indem wir uns mit ihm abgeben, mit ihm sprechen, spielen, ihm Aufgaben stellen und – ganz wichtig – mit ihm trainieren. Unterhalten Sie sich mit Ihrem Hund und wecken Sie seine Neugier und Lernbereitschaft!

Wissenschaftliche Beweise für die **Intelligenz des Hundes**

Im Allgemeinen sind alle Hundehalter davon überzeugt, dass ihr Hund der intelligenteste ist: Es werden Beispiele angeführt, in denen der Hund anscheinend Probleme lösen konnte, auf verschiedene Arten menschliches Leben rettete, Dinge vorausahnte oder sogar telepathische Fähigkeiten aufwies. Was also verstehen wir unter der Intelligenz eines Hundes? Ist sie messbar? Österreichische Wissenschaftler kamen zu dem Schluss, dass der Intellekt eines Hundes dem eines vierzehn Monate alten Kindes entspricht, doch würden viele Hundehalter dem heftig widersprechen.

Einfluss des Menschen

An der Universität Eotvos Lorand in Ungarn konnten Verhaltensforscher in den letzten zehn Jahren ganz klar zeigen, dass Hunde wegen ihrer Verbundenheit zum Menschen intelligente Wesen sind. Bis dahin hatte man Wölfe für klüger als Hunde gehalten, weil sie in der Lage waren, ein Tor zu öffnen, nachdem sie den Vorgang beim Menschen beobachtet hatten: Hunde hingegen öffneten das Tor selbst nach wiederholter Beobachtung des Vorgangs nicht. Das ungarische Forscherteam vermutete, dass die Hunde nicht so begriffsstutzig waren, wie sie schienen: Sie warteten einfach auf die Erlaubnis, das Tor öffnen zu dürfen, da sie sonst gegen die Regeln Ihres Besitzers verstoßen hätten. Die Wissenschaftler testeten daraufhin 28 Hunde unterschiedlicher Rassen, Altersgruppen und Verbundenheit zu ihren Besitzern, ob sie in der Lage waren, an Fleischstücke zu gelangen, die auf der anderen Seite eines Zauns deponiert waren, wenn sie dafür – im Beisein des Besitzers – an den Griffen der Futterschüssel ziehen mussten. Resultat: Hunde, die ein enges Verhältnis zu ihrem Besitzer hatten, versagten genauso wie z. B. Streunerhunde, die keine Beziehung zum Menschen hatten. Erteilten jedoch die Hundehalter ihren Tieren mit Worten die Erlaubnis dazu, dann boten sie ihre ganze Geschicklichkeit auf, um an das Fleisch zu gelangen.

Bei einem anderen Experiment wurde die Fähigkeit des Hundes auf visuelle Hinweise seitens des Menschen getestet. Man versteckte Futter in einem von mehreren geruchsdichten Behältern. Der Hund musste den richtigen Behälter auswählen, nachdem er von seinem Besitzer einen Hinweis in Form von Zeigen, Nicken oder Anschauen des richtigen Behälters erhalten hatte (siehe Seite 93). Die Hunde fanden den richtigen Behälter auf der Stelle. Als man denselben Test mit Schimpansen durchführte, schnitten diese eher schlecht ab.

Top 10 der intelligentesten Tiere

Nach dem Verhaltensbiologen Dr. Edward Wilson gehören zu den zehn intelligentesten Tierarten:

1. Schimpansen
2. Gorillas
3. Orang-Utans
4. Paviane
5. Gibbons
6. Affen
7. Kleinere Wale, wie z. B. der Killerwal
8. Delfine
9. Elefanten
10. Schweine

Nachahmungstrieb

Die ungarischen Wissenschaftler fanden heraus, dass viele – jedoch nicht alle – Hunde uns Menschen sehr gut imitieren können: Sie lernen sehr schnell, eine Bewegung, wie z. B. sich umdrehen oder Arm/Bein anheben, die sie bei ihrem Besitzer beobachtet haben, nachzumachen. Einige der ungarischen Testhunde konnten sogar einen Ballautomaten selbst bedienen, nachdem sie die Menschen dabei beobachtet hatten.

Im Gegensatz zu Wölfen verfügen Hunde über die ausgeprägte, angeborene Fähigkeit, Menschen zu beobachten und mit ihnen zu kommunizieren bzw. zusammenzuarbeiten. Sie lieben diese Zusammenarbeit. Bei Wölfen, selbst wenn sie von klein auf bei Menschen lebten, konnte man diese Fähigkeiten nicht feststellen.

Denkvermögen

Von Tierpsychologen durchgeführte Studien kommen zu dem Schluss, dass Hunde – wie auch einige andere Spezies – über ein recht umfassendes Denkvermögen verfügen. Deponiert man etwas Futter in einem Loch und bedeckt dieses mit einem Tuch, dann wissen Affen, Primaten, Hunde, Katzen, Hamster und Papageien, wie man an die Leckereien gelangen kann. Hat das Tier das Konzept „Futter in Loch = hingehen und holen" begriffen, so heißt das nicht, dass es in seinem Gehirn ein geistiges Abbild des versteckten Futters trägt. Legt man das Futter jedoch unter eine Tasse, platziert die Tasse dann hinter einer von zwei Trennwänden, entfernt heimlich das Futter und zeigt dann dem Tier die leere Tasse, so geht es davon aus, dass sich das Futter hinter einer der beiden Trennwände befinden muss. Diese Überlegung anzustellen und danach hinzugehen, um mit Erfolg das Futter zu finden, erfordert, dass das Tier in seinem Gehirn ein Bild des Futters trägt. Hunde, Primaten und Affen sind dazu in der Lage, Katzen, Hamster und Papageien hingegen nicht.

Wie intelligent sind Hunde?

Wie ist es also um das Gehirn des Hundes und die darin ablaufenden Denkprozesse bestellt? Wie intelligent sind Hunde? Es ist äußerst schwierig, wenn nicht unmöglich, Tiere unterschiedlicher Spezies auf ihre Intelligenz hin miteinander zu vergleichen. Selbst innerhalb einer einzigen Spezies können dabei Probleme auftreten. Intelligenztests mit Menschen von unterschiedlicher Herkunft und kulturellem Hintergrund kamen zu höchst umstrittenen Ergebnissen und wurden gelegentlich sogar als eklatanter Rassismus verurteilt. Es sollte eigentlich selbstverständlich sein, dass Intelligenztests für Menschen so angelegt werden, dass sie die jeweiligen kulturellen bzw. Bildungsunterschiede berücksichtigen.

Es ist höchst unwahrscheinlich, dass Tests, die entworfen wurden, um den IQ eines New Yorker Börsenhändlers zu bestimmen, sich dazu eignen, auf einen Kopfjäger aus Borneo angewendet zu werden. Und trotzdem können beide gleich intelligent sein.

Schlimm wird es, wenn man versucht, unterschiedliche Spezies miteinander zu vergleichen. Delfine gelten als sehr intelligent und machen erstaunliche Dinge in ihrer Meeresumgebung. Doch wie müsste ein Test aussehen, um sie z. B. mit afrikanischen Gorillas zu vergleichen? Delfine würden in einer Bananenplantage bestimmt ein schlechtes Bild abgeben und Gorillas würden kläglich versagen, wenn sie in den Tiefen des Ozeans Meeräschen jagen müssten.

Gehirnkapazität

Einige Wissenschaftler gingen die Frage nach der Intelligenz auf eher empirische Art und Weise an: Sie berechneten die Masse des zusätzlichen Gehirngewebes, das nicht für die grundlegenden Körperfunktionen wie Atmung, Blutkreislauf, Bewegung usw. benötigt wird. Diese „überschüssige Gehirnkapazität" steht somit dem Tier dafür zur Verfügung, um über seine Sinne mehr Infor-

mationen über seine Umwelt zu erhalten und daraus Begriffsmodelle zu konstruieren. Anders ausgedrückt, es denkt, bildet sich eine Vorstellung und zeigt Intelligenz, indem es intelligente Einzelteile zusammenfügt und verarbeitet.

Will man die Intelligenz messen, so hat es keinen Sinn, nur das Gesamtgewicht des Gehirns zu betrachten. Vielmehr muss man eine Vorstellung davon bekommen, was ein Gehirn eines bestimmten Gewichts zur Kontrolle der Körperfunktionen braucht und wie viel Gehirnmasse zum Denken „übrig bleibt". Je intelligenter die Spezies, umso größer das Verhältnis. Bei Menschen liegt das Verhältnis bei 50:1, bei Hunden 5:1 und bei Katzen ist es 4:1. Daraus leitet man ab, dass Pferde weniger intelligent als Hunde sind und Igel zu den am wenigsten intelligenten Säugetieren zählen.

Gehirne und ihr Durchschnittsgewicht

Erwachsener Mensch	1,3–1,4 kg
Pottwal	7,8 kg
Orca	5,6 kg
Elefant	5 kg
Großer Tümmler	1,5–1,6 kg
Pferd	0,5 kg
Schimpanse	0, 42 kg
Hund (Beagle)	0,075 kg
Katze	0,03 kg
Kaninchen	0,01 kg
Wellensittich	0,0001 kg

Das Gehirn des Hundes

Das Gehirn unserer heutigen Hunde ist zwar um einiges größer als das seiner ältesten direkten Vorfahren, dennoch ist es viel kleiner als das von uns Menschen. Das menschliche Gehirn wiegt ungefähr $1/40$ der Gesamt-Körpermasse, das des Hundes $1/125$. Der Teil des Gehirns, den man als Frontallappen bezeichnet, ist Sitz der „Intelligenz", d. h. der Fähigkeit zu Problemlösungen, der Erinnerung, des Urteilsvermögens sowie des Sozial- und Sexualverhaltens. Menschen, Delfine und die großen Affenarten weisen die größten Frontallappen im Tierreich auf.

Das Gehirn des Hundes

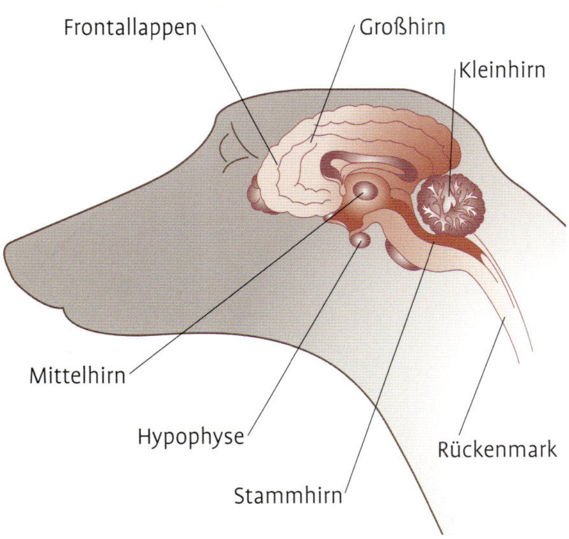

Das Gehirn von Hunden weist eine größere Frontallappen-Kapazität und ausgedehntere Geruchsbereiche auf als das von Katzen: Bei diesen ist dafür der Hörbereich stärker ausgebildet. Im Alter beginnen bei Hunden die Frontallappen vor dem restlichen Gehirn an zu schrumpfen. Dies geschieht meist im Alter zwischen sieben und elf Jahren, wenn auch die ersten Anzeichen senilen Verhaltens auftreten können.

Weitere Messmethoden für Intelligenz

Die beschriebene Methode zur Intelligenzmessung hat ihre Grenzen. Auf Menschen angewandt würde das bedeuten, dass alle Personen einer bestimmten Größe und ähnlichen Körperbaus mehr oder weniger gleich intelligent sein müssten. Das ist ganz sicher nicht der Fall. Und lässt sich mit Hilfe der Vorstellung einer „überschüssigen Gehirnkapazität" erklären, weshalb manche Tiere – einschließlich des Menschen – Probleme leichter lösen können (was sicherlich ein Indikator für Intelligenz ist) als andere?

Ein Professor für Neurowissenschaft an der südafrikanischen Universität Witwatersrand hat kürzlich herausgefunden, dass das große Gehirn der warmblütigen Delfine nicht für die komplexe Verarbeitung von Informationen angelegt ist, sondern vielmehr – da ein Großteil der Gehirnmasse aus „isolierenden" Stützzellen sowie „denkenden" Nervenzellen besteht – um die niedrigen Wassertemperaturen ihrer kalten Umwelt aus-

Weniger intelligente Hunderassen		**Sehr intelligente Hunderassen**	
Bei ihnen muss ein neues Kommando 80 oder mehr Male wiederholt werden, bevor es verstanden wird. Die Wahrscheinlichkeit, dass sie einen Befehl aufs erste Mal ausführen, liegt bei 25 % oder darunter.		Bei ihnen muss ein neues Kommando weniger als fünf Mal wiederholt werden, bevor es verstanden wird. Die Wahrscheinlichkeit, dass sie einen Befehl aufs erste Mal ausführen, liegt bei 95 % oder darüber.	
Shih-Tzu	Barsoi	Border Collie	Shetland Sheepdog
Basset	Chow-Chow	Pudel	Labrador Retriever
Mastiff	Bulldogge	Deutscher Schäferhund	Papillon
Beagle	Basenji	Golden Retriever	Rottweiler
Pekinese	Afghanischer Windhund	Dobermann	Australian Cattle Dog
Bluthund			

zuhalten. Ein unterkühltes Gehirn (genau wie kalte Muskeln) funktioniert schlechter als ein warmes.

Allein schon die Anpassungsfähigkeit des Hundes sowie die Verbundenheit mit dem Menschen können als Beweis für die angeborene Intelligenz von *Canis familiaris* herhalten. Tierpsychologen verwenden noch eine zweite Methode, um die Intelligenz unterschiedlicher Spezies zu vergleichen: Man bezeichnet diese als ökologischen Ansatz, sie ist bei Wildtieren leichter anzuwenden als bei Haustieren. Sie definiert Intelligenz als die Fähigkeit eines Tieres, mit plötzlichen Veränderungen seiner Situation umzugehen, indem es neue Verhaltensmuster zeigt, die den ungewohnten Umständen angepasst sind. Das Tier muss hierbei sein Gehirn einsetzen, um das neue Szenario einschätzen und berechnen zu können; anders ausgedrückt: Es muss ein Problem lösen. Und genau das tun Hunde, seit sie vor langer Zeit zum ersten Mal mit einem behaarten, in Tierfell gekleideten Menschen mit einer Steinaxt zusammenstießen. Doch natürlich ist es äußerst schwierig, solche Fähigkeiten zu messen und mit anderen Individuen zu vergleichen. Einige erfahrene Hundetrainer und Tierpsychologen haben versucht, Tabellen über die Intelligenz der verschiedenen Rassen zusammenzustellen – diese dürfen aber natürlich nicht überinterpretiert werden!

Verhaltensmerkmale	**Rassen**
Hohe Erregbarkeit, niedrige Lernfähigkeit	Lhasa Apso, Spitz, Malteser, Cocker Spaniel, Beagle
Niedrige Erregbarkeit, niedrige Lernfähigkeit	Samojede, Boxer, Dalmatiner, Chow-Chow, Afghanischer Windhund
Niedrige Erregbarkeit, hohe Lernfähigkeit	Border Collie, Golden Retriever, Neufundländer, Keeshond, Ungarischer Viszla
Sehr niedrige Erregbarkeit, sehr hohe Lernfähigkeit	Deutscher Schäferhund, Dobermann, Rottweiler, Japanischer Akita

Weitere Ranglisten der unterschiedlichen Rassen

Nach den Studien von Prof. Ben Hart, eines amerikanischen Tierarztes und Tierverhaltensforschers, lassen sich Hunderassen auch nach ihren Verhaltensmerkmalen klassifizieren. Ein Team aus 96 Experten untersuchte 56 der beliebtesten Hunderassen nach ihren Charaktereigenschaften, wie beispielsweise Erregbarkeit, Lernfähigkeit und Aggressivität. Daraufhin wurden die einzelnen Rassen nach ihren Charaktermerkmalen in Gruppen zusammengefasst – siehe Kasten links. Auf einer anderen, von Hundefachleuten aus 100 Rassen zusammengestellten Liste werden diese ausschließlich nach Lernfähigkeit kategorisiert. „Top Dog" ist dabei der Border Collie, während der Afghanische Windhund abgeschlagen auf Platz 100 rangiert. Doch auch diese Rangliste hat ihre Grenzen, da man schwerlich davon ausgehen kann, dass jedes Einzeltier einer bestimmten Rasse ganz exakt kategorisiert werden kann.

Nach dieser Kategorisierung landet eine so mutige Rasse wie der Neufundländer, der nicht nur Napoleon Bonaparte vor dem Ertrinken rettete und eines der Rettungsboote der Titanic in Sicherheit brachte (siehe Seite 18), trotz Heldenmuts, Initiative und Scharfsinn nur auf Platz 34. Was die Afghanischen Windhunde anbelangt, so sind deren Züchter von ihrer Intelligenz überzeugt: Diese Hunde befolgen menschliche Befehle ganz einfach deshalb nicht, weil sie einen ausgeprägten Unabhängigkeitssinn besitzen.

Verschiedene Arten der Intelligenz

Prof. Stanley Coren, Neuropsychologe und Professor der Psychologie an der Universität von British Columbia in Kanada, hat sich in seinem herausragenden Werk *The Intelligence of Dogs* (The Free Press, Hodder Headline, London, 1994) eingehend mit der Intelligenz von Hunden beschäftigt. Er kommt zu dem Schluss, dass es drei verschiedene Formen der Intelligenz gibt:

1 Anpassungsfähige Intelligenz

Darunter versteht man die Fähigkeit zum Lernen und zur Problemlösung. Das Tier ist in der Lage, sich an seine Umgebung anzupassen – bzw. sie eventuell sogar zu verändern – indem es die über seine Sinne empfangenen Informationen sammelt und verarbeitet; es berechnet eventuell erforderliche Antwortreaktionen und speichert die Lösung des Problems in seiner „Datenbank".

2 Arbeits- bzw. Gehorsamsintelligenz

Darunter versteht man die Fähigkeit bzw. Bereitschaft, auf unterschiedliche Befehle angemessen zu reagieren. In diesem Fall muss der Hund in der Lage sein, sich zu konzentrieren, und lange Ausdauer besitzen, ohne sich ablenken zu lassen. Außerdem muss er schnell reagieren, wenn sein Besitzer auf irgendeine Weise mit ihm kommuniziert und er sollte flexibel sein, wenn es darum geht, andere Ansätze auszuprobieren – für den Fall, dass seine ersten Reaktionen auf einen Befehl nicht belohnt wurden.

3 Instinktive Intelligenz

Sie ist das Ergebnis des Stammbaums bzw. des langen Domestizierungsprozesses eines Hundes und umfasst genetisch bedingte Fähigkeiten und Verhaltensmuster, die das Tier für eine bestimmte Aufgabe befähigen; z. B. den Border Collie, um Schafe zu hüten, den Spaniel, um Wildvögel aufzuscheuchen oder den Terrier, um in unterirdische Bauten zu kriechen.

Rasseunterschiede

Man sollte annehmen, dass in jedem Hund eine Mischung aus den drei oben erwähnten Arten von Intelligenz schlummert. Die größte Schwierigkeit bei der Bestimmung der Hunde-Intelligenz liegt jedoch ganz klar in der Tatsache begründet, dass jede Rasse – ausgenommen die neu entstandenen „Designer-Rassen", die ausschließlich nach den ästhetischen Gesichtspunkten sogenannter Hundefreunde entstanden – für eine spezielle Aufgabe gezüchtet wurde und wird. Wie sollte man also Intelligenztests entwickeln, die allen gerecht werden?

So würden Hunde mit besonders starkem Sehvermögen, wie die Greyhounds und Salukis, wohl jeden auf den Geruchsinn geprägten Hund übertreffen, wenn man sie auf visuelle Hinweise testen würde – und umgekehrt. Ähnlich verhält es sich mit dem Beagle, einem guten Jäger, der zweifellos „Intelligenz" beweist, wenn er draußen auf dem Feld arbeitet, was beispielsweise für einen Border Collie oder Australian Cattle Dog unbekanntes Terrain wäre. Der Beagle nimmt mit höchster Konzentration eine Spur auf und verfolgt sie bis zu ihrem Ursprung. Dabei ist er gegen jegliche Ablenkung gefeit.

Genialer Hund

Es gibt unzählige Beispiele von Hunden, die auf heroische Art und Weise Menschen in Notlagen geholfen und ihnen oft sogar das Leben gerettet haben. Kein anderes Haustier – ob Katze, Pferd, Kuh oder Kamel – zeigt dem Menschen gegenüber eine solche Verbundenheit und Zuneigung – und das oft gepaart mit überraschender Voraussicht.

Der Neufundländer Rigel gehörte dem Ersten Offizier an Bord der Titanic, als diese im Jahr 1912 mit einem Eisberg kollidierte. Rigel sprang ins Meer und lenkte eines der Rettungsboote auf die Carpathia zu – das erste Schiff, das den leck geschlagenen Dampfer erreichte. Plötzlich trieb das Rettungsboot gefährlich nah auf den Bug der Carpathia zu, während die unter Schock stehenden, ängstlich im Boot zusammengekauerten Überlebenden zu schwach waren, um einen Hilferuf von sich zu geben. Der vorausschwimmende Hund erkannte die Gefahr und begann zu bellen, um die Aufmerksamkeit der Offiziere auf der Brücke auf sich zu ziehen. Der Kapitän hörte das Bellen, ging vom Bug nach Steuerbord, bemerkte das Rettungsboot und gab sofort den Befehl „Alle Maschinen Stopp". Alle Insassen des Bootes – einschließlich Rigel, der bis dahin drei Stunden lang im eiskalten Wasser geschwommen war – konnten gerettet werden.

Ein Border Collie, der mit einer Schafherde arbeitet, muss in der Lage sein, unterschiedliche Wahrnehmungen – einschließlich Ablenkungen – gleichzeitig zu verarbeiten. Er muss darauf achten, dass sich die Schafherde in die richtige Richtung bewegt – und das weder zu schnell noch zu langsam. Er muss stets ein Auge auf Nachzügler, Trödler und Ausreißer haben, dabei aber auch die Umgebung beobachten, ob Gefahren oder Probleme für die Herde bestehen und noch die Ohren aufstellen, damit ihm kein Kommando des Schäfers entgeht.

Border Collies sind zweifellos höchst intelligent, doch ihre Scharfsinnigkeit hat auch den Nachteil, dass sie schnell Dinge lernen, die ihr Besitzer ihnen nicht beigebracht hätte und es Probleme gibt, wenn Langeweile einsetzt.

Rassehund oder Mischling?

Wie steht es aber nun mit Mischlingen? Jeder von uns ist schon einmal einem äußerst cleveren Mischlingshund begegnet. Schließlich bestehen ja gute Chancen, dass sie vom sogenannten Heterosis-Effekt profitieren, mit dem die gesteigerte Leistungsfähigkeit von Kreuzungen bezeichnet wird, bedingt durch die Kombination der „guten Eigenschaften" ihrer Eltern. Eine Studie besagt, dass dieser Heterosis-Effekt eventuell auch bei Menschen mit höherer Intelligenz in Zusammenhang gebracht werden könnte. Kinder von japanisch-kaukasischen Eltern schnitten bei IQ-Tests besser ab als diejenigen, deren Eltern aus dem gleichen Land stammten – trotz eines praktisch identischen Berufs- bzw. Bildungshintergrunds ihrer Eltern. Einige Wissenschaftler vertreten die Meinung, dass auch bei Hunden die Mischlinge intelligenzmäßig im Vorteil sind.

Wie kann man einen Mischling aus dem Tierheim mit einem Barsoi oder Bedlington vergleichen? Das ist unmöglich. Zwar werden die meisten von uns zugeben, dass Border Collies zu den intelligentesten Rassen zählen – wenn nicht sogar die intelligenteste Rasse sind: Dennoch sind Ranglisten, auf denen die Rassen nach Intelligenz kategorisiert werden, umstritten. Sie stecken voller Ausnahmen. In meiner mehr als fünfzigjährigen Praxis als Tierarzt sind mir auch unbestritten intelligente Afghanische Windhunde, Bassets und Shih-Tzus begegnet.

Genialer Hund

Einer meiner ländlichen Kunden besaß einen Border Collie namens Fly, der die meiste Zeit draußen bei der Rinderherde verbrachte. Dieser hochintelligente Hund kannte sich genau mit dem normalen Verhalten der Kühe aus und bemerkte selbst kleinste Veränderungen sofort. Sobald er sah, dass eine Kuh z. B. nicht entspannt auf der Wiese lag, sondern ihre Gliedmaßen spastisch von sich streckte, oder wenn eine Kuh im frischen Frühlingsgras plötzlich zu taumeln begann (ein Anzeichen von Magnesiummangel), dann rannte dieser Hund zum Bauernhaus, um Alarm zu schlagen. Von Zeit zu Zeit gingen in unserer Praxis Anrufe des Landwirts ein, wie „Können Sie schnell einen Tierarzt zu uns schicken? Fly hat wieder eine Färse entdeckt, die Probleme mit dem Kalben hat!" Wenn ich bzw. einer meiner Kollegen dann auf dem Hof eintrafen, begleitete uns Fly natürlich jedes Mal zu dem betreffenden Tier und beobachtete uns ganz genau bei unserer Arbeit.

Der **Charakter** des Hundes

Hunde besitzen einen komplexen Charakter: Ihre Gedankengänge unterscheiden sich z. B. von denjenigen einer Katze oder eines Pferdes und ähneln in vielerlei Hinsicht denen des Menschen. Dies ist nicht verwunderlich, da sie ja jahrtausendelang unsere Verhaltensweisen beobachtet, kopiert, gespeichert und erlernt haben. Genau wie bei Kindern entwickelt sich ihr Intellekt durch soziale Kontakte in frühester Jugend und jeder Hund weist seine ihm eigenen, persönlichen Merkmale auf. Einige der interessantesten Hundepersönlichkeiten sind unter den Mischlingen zu finden. Anders als bei Rassehunden stammen ihre Gene aus mehreren Quellen, sodass ihr Charakter eine komplexe Mischung darstellt: Sie zeigen in ihrem Wesen die Stärken jeder beteiligten Rasse, wobei gleichzeitig die bisweilen unerwünschten Eigenschaften mancher reinrassigen Hunde überdeckt werden.

Denkvorgänge

Unter Intellekt versteht man – im Unterschied zu Gefühlen oder Wünschen – die Fähigkeit zum Denken, Verstehen und Überlegen. Hunde zeigen ihre intellektuelle Stärke auf viele verschiedene, oft erstaunliche Weisen – auch unter Verwendung logischer Schlussfolgerungen. Wie beschreibt doch Shakespeare in seinem Hamlet den Hund so treffend: „A beast that wants discourse of reason".

Ein Beispiel für überlegte Handlungsweise liefert uns ein Deutscher Schäferhund, der es über alles liebte, Stöckchen zu apportieren. Einmal warf sein Besitzer einen Stock über den Gartenzaun, der aus vertikalen Holzbalken zusammengesetzt war. Da ein Holzbalken im Zaun fehlte, konnte der Hund durch die entstandene Öffnung auf das Feld dahinter gelangen. Er nahm den Stock zwischen die Zähne, drehte um und trottete zurück in Richtung Zaun. Als er dort angelangt war, bemerkte er sehr schnell, dass er mit dem quer im Maul gehaltenen Stock nicht durch die Öffnung im Zaun passte. Also drehte er seinen Kopf um 90 Grad, sodass das Stöckchen nun längs lag und siehe da, er konnte nun mit Leichtigkeit durch das Loch im Zaun hindurchschlüpfen. In einer ähnlichen Situation würde eine Katze mit einem Beutetier im Maul, das sie ihrem Besitzer als „Geschenk" überreichen wollte, völlig verständnislos vor der Katzenklappe stehen bleiben.

Vorurteil …

Auch Hunde können Vorurteile haben. Sie können auf Menschen mit einem bestimmten Aussehen oder Verhalten mit Antipathie bzw. Aggressivität reagieren. So kann es vorkommen, dass ein Hund z. B. Männer mit Bart nicht mag, ein anderer wiederum reagiert aggressiv auf Menschen mit einem Stock. Manche Hunde kann man anhand ihrer Reaktion auf bestimmte ethnische Gruppen beinahe schon als „Rassisten" bezeichnen. Diese Vorurteile sind jedoch nicht angeboren.

Die Ursache für dieses abweichende Verhaltensmuster liegt meist in schlechten Erfahrungen in der Vergangenheit begründet – wenn der Hund z. B. von einem bärtigen Mann misshandelt bzw. mit einem Stock geschlagen wurde. Doch kann auch die Umwelt, in der der Hund lebt, dafür verantwortlich sein. Reagiert ein Besitzer auf bestimmte Menschen mit Abneigung, so kann dieses Verhalten auf seinen Hund übergehen.

… oder rationales Verhalten?

Das klassische Szenario „Hund gegen Postbote" fällt nicht in die Kategorie irrationaler Vorurteile von Haustieren. In diesem Fall verhält sich der Hund rational, d. h. er fühlt sich als Mitglied der Familie auf seinem eigenen Territorium. Unbekannte Menschen und Hunde werden anfangs misstrauisch als Eindringlinge von außen betrachtet. Der Hundebesitzer wird als Leittier angesehen. Wird ein Fremder (sei es Mensch oder Hund) vom Leittier Mensch aggressionslos akzeptiert, so wird der Hund es ihm normalerweise gleichtun. In Abwesenheit des Besitzers übernimmt der Hund – und sei es eine noch so kleine, unauffällige Hündin – diese Rolle. Betrachten wir es einmal aus dem Blickwinkel des Hundes. Der Postbote nähert sich dem Haus. Der Mensch geht ihm nicht entgegen, um ihn zu grüßen – also verwarnt der Hund den Postboten durch Bellen.

Was passiert? Der Postbote gibt Fersengeld, nachdem er einige Sekunden lang am Briefkasten zugange war. Der Hund hat gesiegt! Er hat den Fremden vertrieben, der in seinen Augen ein Feigling ist. Er brauchte nur ein-, zweimal zu bellen und schon rannte der Mann davon! Dieser Ablauf wiederholt sich zwischen Hund und Eindringling nun täglich. Früher oder später erkennt der Hund, dass eine Postuniform gleichzusetzen ist mit einem Feigling, den man verjagen kann und der eiligst Fersengeld gibt.

Soziale Konditionierung

Die ersten Lebenswochen sind bei Hunden für die Gewöhnung an Umweltreize entscheidend. Lebt der Hund z. B. in einem Umfeld, in dem Männer mit Bart nur selten auftauchen, kann es für ihn einen Schock bedeuten, wenn er später auf einen bärtigen Menschen trifft – besonders wenn der Besitzer nicht sofort Gegenmaßnahmen ergreift und versucht, die Begegnung mit Einfühlungsvermögen und Verständnis in den Griff zu bekommen. Traurigerweise hat man viele Hunde darin gefördert und ausgebildet, auf Menschen einer bestimmten ethnischen Gruppe aggressiv zu reagieren.

Es gibt leider auch heute noch spezielle Zuchten von Kampfhunden, die auf bestimmte Hautfarben des Menschen abgerichtet sind und die als „rassistische Wachhunde" zum Verkauf angeboten werden.

Irrationale Ängste

Wie wir Menschen, so können auch Hunde unter Angstzuständen und Phobien leiden (unbegründete Ängste), die ebenfalls zahlreiche und verschiedene Ursachen haben können. Man kann sie in fünf Hauptgruppen unterteilen:

1. Angst vor Menschen
2. Angst vor Orten, einschließlich Angst vor Wasser
3. Angst vor Tieren
4. Angst vor Geräuschen
5. Trennungsängste

Persönlichkeitstest

Ich probierte den Goslingschen Persönlichkeitstest an Jumbo aus, einem Rhodesian Ridgeback, dessen Besitzer ihn als energiegeladenen, liebevollen, gelassenen, jedoch leicht dümmlichen Hund bezeichnete. Ich bat einen meiner Kollegen, der den Hund nie zuvor gesehen hatte, um eine Einschätzung von Jumbos Persönlichkeit, und zwar unter Berücksichtigung dieser vier Eigenschaften. Ich sagte ihm jedoch nicht, was der Besitzer über die Persönlichkeit seines Hundes ausgesagt hatte. Der Fremde forderte Jumbo zum Spielen auf, was dieser auch mit Begeisterung tat und 20 Minuten lang Stöcke apportierte. Der Hund war in der Tat sehr liebevoll und suchte bei jeder sich bietenden Gelegenheit den Körperkontakt zu meinem Kollegen. Dann brachten wir einen Labrador Retriever ins Spiel, den Jumbo noch nie getroffen hatte und mit dem Jumbos Besitzer weggehen sollte – was Jumbo völlig unbeteiligt mit ansah. Die letzte Testaufgabe, bei der der Hund einen unter einem Becher versteckten Keks finden musste, war zu viel für ihn – er fühlte sich völlig überfordert. Daraufhin fragten wir meinen Kollegen, wie er Jumbos Persönlichkeit beurteilen würde. Seine Antwort lautete: „Energiegeladen, liebevoll, gelassen und – tut mir Leid – nicht wirklich intelligent."

Effektive Behandlungsmethoden

In den meisten Fällen heißt der Schlüssel zur Beseitigung der Angstzustände Training, und diese Trainingsmethoden werden weiter hinten im Buch beschrieben (siehe Seiten 98–101). In wenigen Fällen können auch Medikamente von Nutzen sein. So stellte sich vor kurzem heraus, dass z. B. das Hormon Melatonin, das beim Menschen gegen Jet Lag und Schlafstörungen eingesetzt wird, wirkungsvoll an Hunde verabreicht werden kann, die unter Geräuschphobien leiden. Extrem ängstliche Hunde kann man mit einem Anxiolytikum (einem angstlösenden Mittel) oder mit Bach-Blütenessenzen wie Rote Kastanie und Gefleckte Gauklerblume behandeln. Es ist außerdem erwiesen, dass klassische Musik, z. B. von Mozart, Bach oder Haydn, eine deutlich beruhigende Wirkung auf Hunde hat, die nicht gern allein bleiben.

Persönlichkeitsmerkmale

Hunde sind Persönlichkeiten, deren Charakter – selbst innerhalb einer Rasse – enorm variieren kann. Prof. Sam Gosling von der Universität in Texas, USA, hat einen Weg gefunden, um den Charakter eines Hundes zu beurteilen – und zwar basierend auf Methoden, die ursprünglich auf Menschen angewendet wurden. Als Erstes bat er den Besitzer, den Hund anhand von vier Persönlichkeitsmerkmalen einzuschätzen:

1. Energiegeladen – träge
2. Liebevoll – aggressiv
3. Ängstlich – gelassen
4. Intelligent – dümmlich

Danach forderte er fremde Menschen auf, das Tier anhand der gleichen Merkmale zu beurteilen. Sie machten sich Notizen, während das Verhalten des Hundes anhand der vier Charakteristik-Paare getestet wurde: Das Paar „ängstlich – gelassen" wurde beurteilt, als der Besitzer mit einem anderen Hund wegging und „intelligent – dümmlich" wurde bewertet, als der Hund einen unter einem Becher versteckten Leckerbissen finden sollte (siehe Seite 95). Es stellte sich heraus, dass die Testergebnisse mit den Einschätzungen des Besitzers übereinstimmten. Aufgrund der Goslingschen Tests haben zahlreiche Wissenschaftler, die lange Zeit behaupteten, dass Hunde keine Persönlichkeit besitzen, ihre Meinung geändert.

Die **emotionale Intelligenz** des Hundes

Haben Tiere Emotionen? Können Sie Gefühle wie Liebe, Hass, Kummer und Verlust empfinden? Besitzen Sie vielleicht sogar eine Seele? Diese Fragen beschäftigen uns schon seit Menschengedenken. Der große Philosoph Descartes hielt Tiere für „bloße Maschinen". Aber ich vermute, dass Sie – wie ich auch – zu einem anderen Schluss kommen werden.

Menschliche Emotionen

Zweifellos können Hunde Leid zum Ausdruck bringen. Denken Sie nur an das berühmte Beispiel von Greyfriars Bobby, einem Skye Terrier, der dem Sarg seines Herrchens bis zum Friedhof folgte, der Beisetzung beiwohnte und sich unter keinen Umständen verscheuchen ließ. Der kleine Hund verbrachte die folgenden 14 Jahre in der Nähe des Friedhofs und trauerte ganz offensichtlich um sein verlorenes Herrchen. Ein ähnlicher Fall war der von Old Shep, der fünf Jahre lang am Bahnhof von Fort Benton in Montana, USA, Wache hielt, weil er dabei war, als man den Sarg seines Besitzers in einen Zug verladen hatte.

In Tokio, Japan, treffen sich jedes Jahr am 8. April Hundefreunde an der Shibuya U-Bahnstation, um Hachiko, einem Japanischen Akita (eine der drei aus Japan stammenden Hunderassen), und einem weiteren, besonders treuen Hund zu gedenken. Hachiko gehörte Prof. Ueno, einem Dozenten an der Universität Tokio. Jeden Tag begrüßte der Hund sein Herrchen an der U-Bahnstation, wenn er von der Arbeit nach Hause kam. Nach dem Tod des Professors im Jahr 1925 ging Hachiko weiterhin tagtäglich zur U-Bahn, bis er dann selbst im Jahr 1934 starb.

Die meisten Menschen würden daraus schließen, dass Greyfriars Bobby bzw. Hachiko ihre Herrchen sehr liebten. Doch sind Hunde überhaupt in der Lage zu „lieben" wie Menschen? Oder sind sie schlicht so geschickt und benutzen uns, um zu bekommen, was sie wollen, weil sie gelernt haben, dass man als „Sympathieträger" Aufmerksamkeit und Leckerbissen erhält?

Bei Wissenschaftlern, Philosophen und Theologen gehen die Meinungen zu diesem Thema weit auseinander: Die Wissenschaftler gehen jedoch immer mehr davon aus, dass Hunde zu menschlichen Gefühlen fähig sind und dass dieses Thema näher untersucht werden sollte.

Wir wissen, dass Hunde – genau wie Menschen und andere Tiere – in ihrem Gehirn ein „Glückszentrum" aufweisen, das durch den chemischen Stoff Dopamin stimuliert wird. Wird dieses Dopamin in das „Glückszentrum" freigesetzt, dann entsteht ein Glücksgefühl. Liebe ist ein wesentlicher Faktor im Leben eines Hundes.

Die Biologin und Psychologin Dr. Susan Eirich sagt: „Starke Emotionen stärken das Sozialverhalten und die Bindung", und Leslie Burgard, eine diplomierte Hundetrainerin am State College in Pennsylvania, USA, stimmt ihr dabei zu. „Ihre Loyalität ist bedingungslos – ähnlich wie die zwischen Eltern und Kind. Die Liebe und Loyalität, die diese Emotion erweckt, ist instinktiver Natur . . . Ich glaube, Hunde empfinden eine ‚Liebe' bzw. Bindung zu ihrem Menschen, die frei von vorgefassten Wahrnehmungen ist."

Haben Hunde eine Seele?

Bei einer Umfrage, die der bekannte Tierarzt Dr. Bruce Fogle durchführte, stellte sich heraus, dass in England jeder fünfte Tierarzt daran glaubt, dass Hunde eine Seele besitzen, die nach dem Tod weiterlebt. Und dass alle befragten japanischen Tierärzte dasselbe glaubten (natürlich auch wegen ihres buddhistischen und shintoistischen Glaubens).

Menschenfreundliches Verhalten

Hunde unterscheiden sich von allen anderen Haustieren, weil sie oft eine sehr enge Beziehung zum Menschen aufbauen. Das können Katzen, Pferde und Papageien zwar auch, doch Hunde sind – weit mehr als alle anderen Spezies – zu sogenannten „humanitären" Taten fähig. Sicher haben Katzen und Pferde auch schon mal das Leben eines Menschen gerettet, Hunde jedoch sehr häufig, auf viele verschiedene Arten und bisweilen mit heroischer Selbstaufopferung. Auch dies kann als weiterer Aspekt für die Existenz eines Intellekts angesehen werden.

Genialer Hund

Der vierjährige Labrador Retriever Dorado musste die schrecklichen Geschehnisse des 11. Septembers in New York miterleben. Er war der Blindenhund des Computertechnikers Omar Eduardo Rivera, der im 71. Stock des World Trade Centers arbeitete, als die entführte Maschine über ihm in das Gebäude einschlug. Im Folgenden beschreibt Rivera, was daraufhin geschah:

„Ich stand auf und hörte, wie Glas zersplitterte und zu Boden fiel. Meine Lungen füllten sich mit Rauch und die Hitze wurde unerträglich. Aufgrund meiner Blindheit wusste ich, dass ich nicht wie die anderen Leute über alle Hindernisse hinweg die Treppen hinunter rennen konnte. Ich war auf den Tod gefasst und beschloss, Dorado frei zu lassen, damit er die Chance hatte zu fliehen … ich leinte ihn ab, streichelte seinen Kopf, gab ihm einen Klaps und befahl ihm zu gehen."

In diesem Moment wurde Dorado von einer panisch fliehenden Menschenmasse mitgerissen und Rivera blieb mehrere Minuten lang allein im Chaos zurück. Doch dann geschah das Unerwartete. Jemand stupste ihn in vertrauter Weise in Kniehöhe an. Dorado war zu seinem Herrchen zurückgekehrt. Der Hund manövrierte Rivera die 70 Treppen hinunter, durch all die drückenden, schiebenden und verängstigten Menschen hindurch. Nach über einer Stunde erreichten sie das Erdgeschoss und waren in Sicherheit. Kurze Zeit später brach der Turm in sich zusammen. Dorado hat seinem Namen, der auf Deutsch „vergoldet" bedeutet, alle Ehre gemacht.

Gehirn und **Drüsen** des Hundes

Die Denkvorgänge eines Hundes werden von mehreren ineinandergreifenden Faktoren beeinflusst – seinen Sinnen, der Situation, in der er sich befindet, der Erinnerung, seinem Instinkt, Alter, dem Gesundheitszustand seines Nervensystems und dem seiner endokrinen Drüsen. Diese Organe produzieren chemische Stoffe (Hormone), die zum Teil das Denken beeinflussen. Zu den aktivsten Drüsen zählen die Geschlechtsdrüsen. Bei Rüden wirkt das Hormon Testosteron nach der Pubertät ohne Unterbrechung, während bei Hündinnen das Hormon Östrogen nur durchschnittlich zweimal im Jahr seine Wirkung zeigt.

Stress und Geschlechtstrieb

Der „Verstand" des Hundes wird – wie bei anderen Lebewesen einschließlich des Menschen – von seinem Geschlechtstrieb beeinflusst. Zwar lassen sich Hunde nicht durch erotische Bilder stimulieren und sie können auch nicht Handlungen aus Filmen kopieren, in denen z. B. Artgenossen bei der Paarung zu sehen sind – im Gegensatz zu Menschenaffen wie den Schimpansen. Sie denken nicht spontan an bzw. über sexuelle Handlungen nach, obgleich sie sehr wohl von sexuellen Erlebnissen in der Vergangenheit träumen können. Doch haben visuelle, olfaktorische, akustische und vielleicht auch andere Arten von Reizen ganz sicher einen Einfluss auf das Sexualverhalten von Hunden. Vor allem für Rüden – wenn sie zur Zucht eingesetzt werden sollen – ist es äußerst wichtig, dass sie in der Jugend genügend Gelegenheit zur Sozialisierung mit Artgenossen erhalten.

Hormone und Gehirn des Hundes

Bei Hunden geht der Geschlechtstrieb vorwiegend vom Gehirn aus und wird erst an zweiter Stelle von Hormonen gesteuert. Ein Teil des Gehirns, der Hypothalamus, sowie die daneben liegende Hypophyse (die Hauptdrüse des Körpers) steuern alle anderen hormonproduzierenden Körperdrüsen. Letztere wiederum beeinflussen das Gehirn. Die Behandlung, die ein Rüde in der Jugend von Artgenossen und später vom Menschen erfährt, sowie die Erfahrungen, die er macht, erzeugen in ihm Stress, der im Gehirn gespeichert wird. Als Antwort darauf erteilt das Gehirn der daneben liegenden Hypophyse die Anweisung, an die anderen Drüsen – wie z. B. Nebenniere, Eierstöcke und Hoden – hormonelle „Befehle“ auszusenden.

In Stresssituationen setzt die Nebenniere Kortikosteroide in das Blut frei. Kortikosteroide bekämpfen Stress, verringern die Erregbarkeit eines Tieres und haben eine entzündungshemmende und antiallergische Wirkung. Sie spielen im Zusammenhang mit dem Geschlechtstrieb noch eine andere wichtige Rolle: Sie leiten an die Hypophyse die Information weiter, dass die männlichen Hoden mehr Testosteron produzieren sollen.

Als Folge „entsteht“ ein Hund mit großer Lebenserfahrung, der mit allen Arten von Stress sicher umgehen kann, zu einem Leittier wird und dafür mit dem Anstieg seines Testosteronspiegels belohnt wird. Das hilft ihm, seine Führungsposition beizubehalten. Kurz gesagt: Stress verursacht die Ausschüttung von Kortikosteroiden, Kortikosteroide bekämpfen den Stress und lassen das Testosteron ansteigen, und das Testosteron hilft, die Leitfunktion zu behalten bzw. sexuell aktiv zu bleiben.

Testosteron und seine Auswirkung auf das Verhalten

Wir haben also gesehen, dass entgegen der allgemeinen Annahme, dass ein hoher Testosteronspiegel aus einem Hund (bzw. Mann) einen „Macho“ macht, es sich vielmehr so verhält, dass die Art und Weise, wie mit Stress umgegangen wird (der Grad des „Machotums“, wenn man so will), die Testosteron-Ausschüttung bestimmt. Ein Rüde bzw. Mann wird nicht mit einem hohen Testosteronspiegel geboren, der ihm automatisch ein Leben als Top Dog/Macho garantiert.

Ein erfolgreicher Hund (bzw. Fußballer oder Geschäftsmann) wird als Konsequenz dieses Erfolgs vermehrt Testosteron ausschütten, was ihm wiederum dazu verhilft, seine Vorrangstellung zu behalten. Ein „Underdog“, d. h. ein Hund, der aus einem Kampf als Verlierer hervorgeht (bzw. ein Fußballer, der in mehreren Spielen kein Tor erzielt hat oder ein Geschäftsmann, dessen Firma nicht gut läuft), wird weniger Testosteron ausschütten.

Außerdem beeinflusst ein hoher Level an Geschlechtshormonen im Blut das Verhalten von Hunden und auch von Männern. Hunde mit einem hohen Kortikosteroid-Level neigen zu mehr Aggressivität und können besonders in der Pubertät – wenn der Testosteronspiegel ansteigt – ihr Verhaltensmuster bisweilen dramatisch verändern.

Der Geruch einer läufigen Hündin bewirkt im Gehirn des Rüden, dass Signale an die Hypophyse gesendet werden, die daraufhin ihrerseits ein Hormon ins Blut ausschüttet, welches wiederum die Hoden stimuliert, mehr Testosteron zu produzieren. Doch Testosteron allein ist keine Garantie für eine geglückte Paarung. Ein unzureichend sozialisierter Hund mag zwar genug Testosteron aufweisen, trotz alledem jedoch unfähig sein, sich zu paaren. Im umgekehrten Fall kann ein kastrierter Rüde, dem es an Testosteron mangelt, dessen soziale Entwicklung jedoch normal verlief, weiterhin paarungswillig sein, d. h. Hündinnen besteigen, als ob er noch intakt wäre.

Östrogen und seine Wirkung auf das Verhalten

Auch die Eierstöcke einer Hündin werden von der Hypophyse gesteuert. Letztere regelt den Zyklus der Eierstocktätigkeit. Wird der Punkt des Zyklus' erreicht, an dem die Läufigkeit einsetzt, schütten die Eierstöcke das Hormon Östrogen aus. Östrogen beeinflusst das Verhalten der Hündin. In Gegenwart eines Rüden wirkt ihr Verhalten kokett und sie ist paarungsbereit – gleichzeitig wird sie oft auch aktiver und sensibler. Seltsamerweise benehmen sich manche Hündinnen bisweilen wie Rüden, d. h. sie besteigen andere Hunde beiderlei Geschlechts und heben beim Urinieren das Bein. Nicht selten „glauben" Hündinnen fälschlicherweise, schwanger zu sein und verhalten sich dementsprechend. Daran sind die Drüsen schuld, die auf das Gehirn der Hündin und einige Körperfunktionen Einfluss ausüben. Andere Spezies, wie beispielsweise Katzen und Kaninchen, zeigen ebenfalls oft Anzeichen einer Scheinschwangerschaft – gelegentlich tritt sie sogar bei Frauen auf.

Weitere hormonelle Auswirkungen

Gehirn und Hypophyse sind ebenfalls an der Steuerung anderer Körperfunktionen beteiligt, oft als Ergebnis von Verhaltens- bzw. Sinnesreizen. Wenn Welpen schlafen, schüttet ihre Hypophyse ein Wachstumshormon aus, das für die körperliche Entwicklung notwendig ist. Junge Hunde wachsen also sozusagen im Schlaf, daher ist es auch nicht verwunderlich, dass Welpen mehr Schlaf brauchen als erwachsene Hunde. Nimmt eine säugende Hündin das Winseln eines neu geborenen Welpen wahr, dann werden sofort Informationen von den Ohren an das Gehirn und von dort an die Hypophyse weitergeleitet, die daraufhin ein weiteres Hormon freisetzt, das den Milchfluss in den Milchdrüsen anregt.

Drüsen und Domestizierung

Der russische Wissenschaftlers Dr. Dimitry Belyaev hat die Rolle der Drüsen bei der Domestizierung untersucht. Am auffälligsten ist bei Haushunden (und anderen Haustieren) die Tatsache, dass sie sich vom Aussehen her auf so vielfältige Weise von ihren wilden Artgenossen unterscheiden. Bei Wölfen sehen alle Spezies sehr ähnlich aus. Genauso verhält es sich mit Wildhunden. Haushunde treten jedoch in allen Größen, Farben, Fellzeichnungen, Kopf- und Ohrformen usw. auf.

Belyaev vermutete, dass dafür ein spezielles Merkmal des Domestizierungsprozesses verantwortlich war. Vielleicht war Zahmheit das Verhaltensmerkmal, das dafür zuständig war, wie gut sich das Tier an das Zusammenleben mit Menschen anpassen konnte. Wir wissen, dass das Verhalten vom Gehirn und durch Hormone gesteuert wird. Könnte es sein, dass die künstliche Selektion durch den Menschen unter tausenden von Hunden, die aufgrund ihrer Zahmheit mit ihm zusammenlebten und -arbeiteten, zu Veränderungen bei den Gehirn-/Hormonmechanismen geführt hatte, die sich ihrerseits auf das Erscheinungsbild auswirkten?

Zusammenhang zwischen Zahmheit und Vielfalt

Vor vierzig Jahren begann Belyaev in Sibirien mit Füchsen zu experimentieren, um seine Theorie zu untermauern. Er begann mit 130 wilden Füchsen, aus denen er in jeder Generation die jeweils zahmsten zur Zucht herausselektierte.
Die Resultate gaben ihm Recht. Die Füchse der jüngsten Generation sind unwahrscheinlich zahm, aggressionslos und dem Menschen zugetan.
Der Gehalt an Kortikosteroiden im Blut, die ja zur Bekämpfung von Stresssituationen dienen (siehe Seite 29), fiel auf einen sehr niedrigen Level. Der Gehalt an Serotonin, einem chemischen Stoff, der von einer anderen Gehirndrüse – der Epiphyse – produziert wird und der eine wichtige Rolle bei Stimmungsschwankungen und emotionalen Funktionen im Gehirn spielt, weist nun hingegen einen viel höheren Level auf als bei wilden Füchsen.

Darüber hinaus sind die körperlichen Veränderungen bei den Füchsen genauso wenig zu übersehen wie bei Hunden. Sie weisen nun verschiedene Fellfärbungen, einen kompakteren Kopf, eine stumpfere Nase und einige von ihnen sogar Schlappohren und Ringelschwänze auf! Es scheint tatsächlich, dass das „Zahmheitsgen" – wie von Belyaev vermutet – als „Dirigent" für ein Orchester aus weiteren Genen fungiert, die sich auf die Körpermerkmale des Tieres auswirken. Wir können nun also völlig berechtigt behaupten, dass der Hauptgrund, weshalb ein Afghanischer Windhund oder ein Großer Schweizer Sennenhund anders aussehen als ein Mops bzw. ein Deutscher Schäferhund, darin liegt, dass ihre Vorfahren zahm waren.

Die **Supersinne** unserer Hunde

Gedanken – vor allem kreative – entstehen aus der Fähigkeit, Informationen von außen analysieren, beurteilen und entsprechend auf sie reagieren zu können: In der Tat bedeutet der Begriff „Intelligenz“ aber auch, Informationen zu erhalten und weiterzuleiten. Tiere erhalten diese Informationen über ihre Sinnesorgane und besonders Hunde sind mit einer Reihe von hochentwickelten, ja sogar unglaublichen Sinnen ausgestattet. Ihr „Informationsdienst“ arbeitet sehr effizient und manche der Sinne – über deren Mechanismen noch sehr wenig bekannt ist – könnte man durchaus als „Geheimdienste“ bezeichnen. Diese bemerkenswerten Sinne sind tatsächlich eine Facette der Intelligenz, die ja auch als natürliche Fähigkeit, Begabung und Neigung definiert wird.

Der Mensch entdeckte den Wert dieser fein abgestimmten Sinne des Hundes im Laufe von dessen Domestizierung. Über die Jahrtausende, in denen der Mensch Hunde selektiv für eine Vielzahl von Aufgaben züchtete, zog er aus diesen Sinnen und den körperlichen Attributen – wie z. B. Geschwindigkeit, Wachsamkeit und scharfes Gebiss – seinen Nutzen. Endlich gab es für den Sammler und Jäger Mensch einen Partner, der um einiges besser sehen, hören und riechen konnte als er!

Geruchssinn

Alle Hunde sind ganz groß im Schnüffeln und mit einem schärferen Geruchsinn ausgestattet als die meisten anderen Spezies. Die für ihre Heldentaten in Sherlock-Holmes-Krimis berühmten Bluthunde sind heute nur noch selten als Fährtensucher und Wachhunde tätig. Zu den Top-Schnüfflern der heutigen Zeit zählen der Spaniel und der Deutsche Schäferhund. Der wahrscheinlich versierteste Fährtenschnüffler ist der Englische Springer Spaniel.

Leistungsfähigkeit

Wir alle wissen, dass Hunde einen ausgezeichneten Geruchssinn besitzen, wobei Rüden noch besser abschneiden als Hündinnen. Die blind geborenen Hundewelpen verlassen sich völlig auf ihren Geruchssinn, um zu ihrer Mutter bzw. deren Milchquelle zu finden (man nimmt an, dass die Nasen von neugeborenen Welpen noch zusätzlich mit Infrarot-Wärmerezeptoren ausgestattet sind). Zwar gibt es beim Geruchssinn sowohl von Rasse zu Rasse als auch innerhalb derselben Rasse Unterschiede, doch sind die olfaktorischen Fähigkeiten beim Hund eine Million Mal besser als beim Menschen.

Super-Nase

Haushunde nehmen den Geruch einer chemischen Substanz noch in einer Verdünnung von eins (bzw. zwei) zu einer Billion wahr: Das würde bedeuten, einen fauligen Apfel in zwei Milliarden Fässern lokalisieren zu können! Sie können den individuellen Geruch jedes einzelnen Menschen unterscheiden, selbst bei Zwillingen – vorausgesetzt, man würde sie zusammen präsentieren. Wäre einer der beiden Zwillinge nicht anwesend, dann würde der Geruch des anderen an seiner Stelle akzeptiert. Gerüche verschiedener Körperregionen, wie z. B. Achselhöhle, Handfläche oder Fußsohle, die auch für uns Menschen wahrnehmbar sind, bringen einen Hund nicht durcheinander, wenn es darum geht, ein Individuum zu identifizieren. Die Hundenase kann Geruchsspuren von menschlichen Fingerabdrücken noch nach sechs Wochen auf einem Glas erschnüffeln – wenn sich das Glas im Haus befindet, im Freien immerhin noch nach zwei Wochen.

Superschnüffler

Im Tierreich sind nur die Aale bessere Schnüffelnasen als Hunde. Schmetterlinge haben vermutlich einen Geruchssinn, der mit dem unserer Hunde vergleichbar ist, aber sie können ihn über viel längere Distanzen einsetzen.
Sie sehen, das Tierreich hat viele Geheimnisse – entdecken Sie ein paar davon!

Spurensuche

Experimente haben gezeigt, dass Hunde die Spur eines Menschen im freien Gelände selbst dann noch verfolgen können, nachdem dieser sich Gummistiefel angezogen oder ein Fahrrad bestiegen hat. Wissenschaftler nehmen an, dass ein Hund, der seine ursprüngliche Fährte verliert, der einzig auffindbaren Spur folgt, nämlich dem Geruch des zertretenen Grases.

Der nächste Verwandte unseres Hundes, der Wolf, besitzt eine genauso feine Nase, mit der er eine drei Wochen alte, angetrocknete Urinmarkierung aus einer Entfernung von 300 m riechen und analysieren kann. Wölfe können die Spur eines Beutetieres auch noch in einem Fluss oder See weiterverfolgen: Es genügt ein einziger Tropfen Blut oder Urin auf 45.500 Liter Wasser. Diese Fähigkeit wurde an unsere heutigen Schweißhunde weitergegeben.

Gerüche halten sich am besten, wenn die Bodentemperatur etwas höher ist als die der Luft. Diese Bedingungen findet man meist am frühen Abend vor, sodass es nicht verwundert, dass viele der Superschnüffler am liebsten zu dieser Tageszeit auf die Jagd gehen.

Spürhunde nehmen das „Geruchsbild“ einer Person wahr und ziehen Schlüsse aus dem Verdunstungsgrad bzw. den Inhaltsstoffen, die mit der Zeit immer weniger werden. Sie verfolgen eine

Spur einige Meter weit, bemerken eine Veränderung im „Geruchsbild“ und können so bestimmen, in welche Richtung sich die Person bewegt hat. Die hochspezialisierten Coonhounds spüren nicht nur Waschbären, sondern auch Rotwild, Bären und Pumas auf und erkennen, wann die Fährte gelegt wurde und wie schnell bzw. in welche Richtung sich das Tier fortbewegte.

Schnüffler bei der Arbeit

In Frankreich und Italien werden Hunde auf der Suche nach den hochgeschätzten Trüffeln eingesetzt, die bis zu 30 cm unter der Erdoberfläche wachsen. Bis vor einigen Jahren gab es in der italienischen Stadt Roddi bei Alba eine Universität für Trüffelhunde, in man Hunde für diese höchst anspruchsvolle Arbeit ausbildete. In Holland und Dänemark teilt man den Hunden eine eher „profane“ Aufgabe zu: Man lässt sie Lecks in Gasleitungen ausfindig machen. Hunde reagieren sensibler als die fortschrittlichsten Messgeräte und werden heute weltweit bei der Suche nach Sprengstoffen, Drogen und Menschen im Dienste von Polizei, Zoll und Militär eingesetzt. In den

Kriegsgebieten im Irak und in Afghanistan haben sie schon Hunderte von Menschenleben gerettet.

Wenn Bergsteiger von einer Lawine erfasst und tief unter Schneemassen begraben liegen, dann gelingt es nur Rettungshunden, die wenigen Geruchsmoleküle, die von den Verschütteten an die Oberfläche gelangen, wahrzunehmen. In den letzten Jahren hat sich gezeigt, dass Hunde Patienten mit Blasenkrebs bzw. Prostata-Erkrankungen allein durch Schnüffeln an deren Urinproben erkennen können. Außerdem können sie krebsartige Melanome von weniger gefährlichen Hauttumoren unterscheiden. Sie sind wohl in der Lage, die für uns Menschen nicht wahrnehmbaren, unglaublich schwachen Geruchspartikel wahrzunehmen, die für kranke bzw. gesunde Zellen charakteristisch sind.

Seit neuestem werden Spürhunde – hauptsächlich Englische Springer Spaniels – auch in Gefängnissen eingesetzt. Diese Hunde wurden speziell auf den für ihre Nasen charakteristischen Geruch von Mobiltelefonen trainiert, die sie in den Gefängniszellen aufspüren.

Olfaktorisches System

Geruch entsteht durch die Moleküle bestimmter chemischer Stoffe, die in der Luft herumschweben. Gelangen diese Moleküle nun auf die in der Nase befindliche Geruchsmembran, so werden diese „Geruchsinformationen"' durch Nervenimpulse an einen bestimmten Teil des Gehirns – das Geruchszentrum – weitergeleitet und dort analysiert. Beim Hund sind vierzig Mal mehr Gehirnzellen an der Geruchsbestimmung beteiligt als bei uns Menschen.

Das olfaktorische System

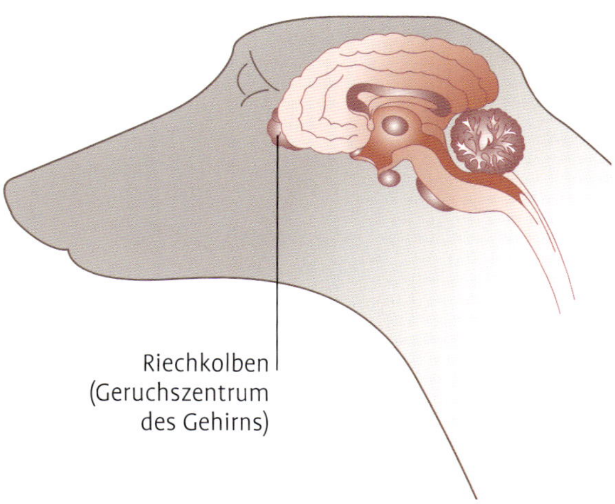

Beim erwachsenen Menschen beträgt die Größe der Geruchsmembran rund 3 cm^2, beim Hund nimmt sie durchschnittlich eine Fläche von 130 cm^2 ein, da sie in Falten angeordnet ist, die aus der einströmenden Luft Gerüche ausfiltern. Die Geruchsmembran ist in der langen Nase (bis auf einige rassebedingte Ausnahmen bei jüngeren, künstlich selektierten Rassen) des Hundes untergebracht. Überdies weist die Geruchsmembran des Hundes weitaus mehr Sinneszellen auf als unsere: Wir besitzen rund fünf Millionen dieser Zellen, ein Dackel 125 Millionen, ein Fox Terrier 147 Millionen und der Deutsche Schäferhund als einer der besten Schnüffler 220 Millionen.

Hunde besitzen außerdem noch das sogenannte vomeronasale bzw. Jacobsonsche Organ, das ebenfalls der Geruchsidentifizierung dient – vor allem für Pheromone und Körpergerüche, die bei sexuellen bzw. sozialen Aktivitäten des Hundes eine große Rolle spielen. Dieses Organ ist etwas kleiner als das der Katzen. Es handelt sich um einen winzigen, mit Rezeptoren ausgestatteten Beutel, der sich vorne im Maul befindet und durch einen Kanal sowohl mit Maul als auch Nasengang verbunden ist.

Beim Riechen ist eine feuchte Nase von Vorteil: Sie löst die in der Luft befindlichen Moleküle, bringt sie in engen Kontakt mit der Geruchsmembran und löscht alte Gerüche aus. Auch die Pigmentierung ist hilfreich, doch ist noch nicht ganz klar, wie sie funktioniert. Das Pigment befindet sich nicht in, sondern neben den Sinneszellen. Bei Hunden ist die Nasenmembran dunkel gefärbt und die schwarze Pigmentierung der Nase könnte ebenfalls an der Verbesserung des Geruchssinns beteiligt sein – obwohl auch Hunde mit einer rosa Nase perfekte Schnüffler sind!

Duftmarken

Gerüche sind für Hunde auch äußerst wichtige Kommunikationsmittel. Zu ihren am stärksten ausgeprägten Instinkten gehört das Erschnüffeln unbekannter Gerüche – sowohl von Hunden als auch von Menschen. Sie verlassen sich mehr auf ihren Geruchssinn als auf ihre Sehkraft bzw. ihr Gehör. Das Markieren des Reviers durch Urin ist für den Haushund genauso lebensnotwendig wie für den Wolf. Mit seinem Urin hinterlässt der Hund eine dauerhafte Markierung, um seinem Anspruch auf ein Territorium Ausdruck zu verleihen. Rüden und Wölfe setzen daher ihre Urinmarken in kleinen Mengen ab.

Auch Hündinnen markieren, jedoch meist nicht so auffällig wie Rüden. Auf ähnliche Weise setzt der Hund das stark riechende Sekret seiner Analdrüsen dafür ein, um den Kot mit seinem persönlichen Geruch zu versehen. Diese für die menschliche Nase nicht wahrnehmbaren Sekrete vermitteln anderen Hunden wahrscheinlich zahlreiche chemische Informationen bezüglich Rang und anderer Dinge. Eine andere Form der Geruchsmarkierung erfolgt durch Kratzen mit den Hinterpfoten, wobei Erde durch die Luft geschleudert wird. Der dabei hinterlassene Geruch stammt aus den Schweißdrüsen der Hinterpfoten.

Oftmals verwenden Hunde ihr eigenes „After Shave“, indem sie sich in übelriechenden Substanzen wälzen – vermutlich um ihren eigenen Körpergeruch zu verstärken. Dieser „Duft“ ist für uns meist unerträglich, nicht jedoch für den Hund selbst. Weshalb tauchen diese perfekten Meisterschnüffler ihre Nase gern in Dung oder riechen am Hinterteil anderer Hunde? Wir kennen die Antwort nicht, doch sie scheinen ihren Spaß dabei zu haben!

Meisterschnüffler

Als Sir Arthur Conan Doyle Ende des 19. Jh. seine Geschichten um den Meisterdetektiv Sherlock Holmes schrieb, genossen Bluthunde allgemein den Ruf als beste Spürhunde: Tests haben jedoch gezeigt, dass Zwergpudel genauso gute Schnüffler sind! Überraschenderweise halten die Bewohner der Pazifikinsel Guarn den Jack Russell für den besten Spürhund, wenn es darum geht, Schlangen aufzustöbern und anschließend zu beseitigen.

Gehörsinn

Natürlich haben wir alle schon Erfahrungen mit einem Hund gemacht, der einfach nicht hört, wenn man ihm etwas befiehlt. Dabei handelt es sich aber – in aller Regel – nicht um Taub-, sondern Sturheit! In Wirklichkeit besitzen Hunde ein ausgezeichnetes Gehör, viel besser als das von uns Menschen. Durch ihr feines Gehör, gepaart mit ihrer Intelligenz, können sie gehörlose Menschen durchs Leben begleiten – genau wie Blindenhunde dem Blinden die Augen ersetzen.

Leistungsfähigkeit

Das Gehör von Hunden ist ausgezeichnet. Manche Rassen können zwar noch besser hören als andere, doch fast alle sind mit großen Ohren ausgestattet. Siebzehn Muskeln sorgen dafür, dass diese „Empfänger" aufgestellt und in Richtung der Geräuschquelle gedreht werden können. Sie können Töne mit bis zu 35.000 Schwingungen pro Sekunde wahrnehmen (verglichen mit 20.000 pro Sekunde beim Menschen bzw. 25.000 bei Katzen), d. h. außerhalb des menschlichen Hörbereichs, wie z. B. das Geräusch einer „stummen" Hundepfeife. Diese hohen und für uns Menschen nicht hörbaren Töne haben eine größere Reichweite als die tieferen und sind somit ideal, um dem Hund auf große Entfernung verschiedene Kommandos zu erteilen.

Ohr-Wunder

Hunde können Töne aus viermal größerer Entfernung wahrnehmen als wir Menschen. Außerdem sind sie z. B. in der Lage, zwei Metronome zu unterscheiden, von denen das eine mit 100 Schlägen pro Minute, das andere nur mit 96 tickt. Mit dieser Fähigkeit kann ein Hund auch das Auto seines Herrchens aus allen anderen Fahrzeugen heraushören, wenn es vor der Haustür vorfährt. Hunde können aus den vielen Geräuschen den allgemeinen Umweltlärm herausfiltern und sich auf die Geräusche konzentrieren, die für sie wichtig sind. Ein Feuerwerk beispielsweise ist für unsere vierbeinigen Freunde mindestens fünfmal lauter als für uns. Bei Hunden ist das Gehör nicht so gut ausgebildet wie bei Katzen, dafür können sie aber besser riechen.

Genialer Hund

Das scharfe Gehör und die Intelligenz eines blinden Hundes rettete im November 2005 einer jungen Kanadierin das Leben. Samuri, ein japanischer Akita, hielt sich im Garten der Familie Drozdowski auf, als es schon zu dämmern begann. Seine Besitzer hielten sich im Haus auf, als Samuri auf ungewöhnlich nachdrückliche Art und Weise zu bellen anfing. Herr Drozdowski ging nach draußen, um nachzusehen, konnte aber nichts entdecken. Der Hund bellte indessen weiter und bewegte sich in Richtung Straße. Dort lag auf dem Gehweg eine Frau, die immer wieder das Bewusstsein verlor, da sie einen Schlaganfall erlitten hatte. Ihre Hilferufe waren zu schwach, als dass man sie hätte hören können – nicht jedoch für den blinden Samuri. Dank seiner Hilfe konnte der Notarzt gerufen werden, um die Patientin ins Krankenhaus zu bringen, wo sie sich schnell erholte.

Sehvermögen

Hunde – besonders solche, die sich vornehmlich auf ihre Sehkraft verlassen, wie z. B. Greyhound, Saluki und Afghanischer Windhund – besitzen ein sehr gutes Sehvermögen, das in vielerlei Hinsicht sogar das von uns Menschen übertrifft. Sie können in der Dämmerung bzw. bei Zwielicht besser sehen und sich bewegende Gegenstände bei Weitem besser ausmachen als wir. Allerdings können sie nicht so gut fokussieren wie der Mensch, d. h., was wir in einer Entfernung von 23 m noch erkennen, können Hunde nur bis 6 m deutlich sehen. Auch ihr Farbsehen ist eingeschränkt.

Augen-Blick

Bei Dunkelheit sieht ein Hund besser als der Mensch: Das liegt zum Teil daran, dass die Netzhaut seines Auges einen höheren Anteil der lichtempfindlichen Stäbchenzellen aufweist, zum Teil aber auch an der reflektierenden Tapetum lucidum (eine Schicht, die beim Menschen völlig fehlt, bei Katzen jedoch noch besser ausgebildet ist), die sich unterhalb der Stäbchenzellen befindet und das „gebündelte" Licht wieder reflektiert. Es kann vorkommen, dass Hunde unbewegliche Gegenstände nicht erkennen und versehentlich in sie „hineinrennen": Dies ist darauf zurückzuführen, dass ihr dreidimensionales Sehvermögen schlechter ausgebildet ist als bei uns und sie somit Entfernungen nicht richtig einschätzen können – obgleich sie bewegliche Objekte auch noch in großer Entfernung erkennen. Beide visuellen Fähigkeiten sind insbesondere für Wildhunde von großem Nutzen, die meist bei schlechten Lichtverhältnissen auf die Jagd gehen.

So sehen Hunde unsere Welt

Hunde sehen ihre Umwelt nicht so bunt wie wir. Sie erkennen Schwarz, Weiß, Grauschattierungen und etwas Blau und Gelb, sodass ihre Farbwahrnehmung in etwa der von rot/grün-blinden Menschen entspricht. Im Gegensatz zu uns haben sie für Details keine große Verwendung. Andererseits weist ihr Gehirn viel größere Bereiche für die Verarbeitung von Geruchs- bzw. Bewegungsdaten auf als unseres. Während also beim Menschen und anderen Primaten das gute Farbsehvermögen dazu diente, die reifsten und nahrhaftesten Früchte ausfindig zu machen, waren die Hunde bestens für die nächtliche Jagd auf gut getarnte Beutetiere ausgerüstet.

Augenärzte haben herausgefunden, dass manche Hunderassen kurzsichtiger sind als andere. Dazu gehören z. B. der Deutsche Schäferhund, der Schnauzer und der Rottweiler, der kurzsichtigste von allen.

Weitere **Sinne**

Zusätzlich zu den drei Sinnen Geruchssinn, Gehör und Sehvermögen besitzen Hunde noch andere, weit geheimnisvollere Sinne, die wissenschaftlich noch nicht voll erforscht sind. Möglicherweise können Hunde Informationen auch auf telepathischem Weg empfangen. Trotz allem könnte man Fähigkeiten wie beispielsweise das Vorhersagen von Erdbeben bzw. der Rückkehr ihres Herrchens, auch auf ihr hochentwickeltes Gehör und ihre Sensibilität für Schwingungen, die für uns Menschen nicht wahrnehmbar sind, zurückführen.

Frühwarnsystem

Hunde (und Katzen) reagieren sehr sensibel auf Schwingungen und können somit Vulkanausbrüche und Erdbeben einige Zeit im Voraus – oft sogar Tage vorher – „erahnen". Die an den Abhängen von inaktiven Vulkanen lebenden Bewohner, wie z. B. des Ätna in Sizilien, wissen, dass es sinnvoll ist, den ohne ersichtlichen Grund aus dem Haus stürzenden Hunden zu folgen. Es gab Berichte darüber, dass sich Hunde vor dem Tsunami in Indonesien im Dezember 2004, ähnlich verhielten. Merkwürdigerweise reagieren Hunde nur auf diese Weise, wenn wirkliche Gefahr droht: Die jährlich auftretenden 150.000 harmlosen Vibrationen der Erdkruste bringen sie nicht im Mindesten aus der Ruhe. Einige Wissenschaftler vertreten eine andere Meinung bezüglich der Erdbeben-Vorhersagen von Hunden. Sie glauben, die Tiere spüren die elektrostatischen Veränderungen in der Atmosphäre, wie sie vor Erdbeben und Vulkanausbrüchen auftreten.

Es gibt Hunde mit der angeborenen Fähigkeit, einen bevorstehenden epileptischen Anfall bei Menschen, Minuten, ja sogar Stunden, im Voraus anzeigen zu können. Wieder andere erfühlen und warnen ihre Besitzer, wenn deren Blutdruck gefährlich ansteigt. In einigen Ländern werden Epileptikern jetzt sogenannte Epilepsie- oder Anfallsignalhunde zur Seite gestellt. Diese Hunde schlagen vor einem bevorstehenden Anfall Alarm, indem sie durch Bellen, Winseln oder Pföteln die Aufmerksamkeit des Patienten erregen, sodass dieser in Ruhe einen sicheren Ort aufsuchen kann. Einige dieser Hunde suchen automatisch den engen Kontakt zum Patienten, wenn sie einen Anfall herannahen fühlen und lecken z. B. über Gesicht und Hände. Andere Epilepsiehunde wurden darauf trainiert, im Fall eines epileptischen Anfalls eine Taste am Telefon zu drücken, um den Notarzt zu alarmieren. Man kann Hunde jedoch nicht dazu ausbilden, einen Anfall „vorherzusehen". Entweder sie werden mit dieser bemerkenswerten Fähigkeit geboren oder eben nicht – ein weiterer Aspekt für die Intelligenz von Hunden.

Tastsinn

Der Tastsinn spielt eine wesentliche Rolle im Leben eines Hundes. Die Haut von Hunden – wie auch die eines Menschen – weist eine große Anzahl berührungsempfindlicher Nervenenden auf. Ein neugeborener Welpe empfindet Berührungen durch seine Mutter als äußerst beruhigend und wohltuend und auch später, wenn er älter ist, vermitteln sie ihm Wohlbehagen und Sicherheit. Das Streicheln an sich wird von Hunden bereits als Belohnung und Verbundenheit empfunden. Streicheln senkt nicht nur die Herzfrequenz des Hundes, sondern auch die des Menschen! Auf dem Hundekörper – besonders auf der Schnauze – befinden sich spezielle berührungsempfindliche Haare, die sogenannten Vibrissen oder Tasthaare. Diese Haare, die mit sensiblen Nervenenden verbunden und gut durchblutet sind, helfen dem Hund dabei, seine Umwelt zu erkunden, Gegenstände zu untersuchen und Luftströmungen wahrzunehmen.

Geschmacksinn

Der Geschmacksinn ist bei Hunden relativ spärlich entwickelt, wenn man ihn mit dem von uns Menschen vergleicht. Wahrscheinlich ist die Ursache dafür die, dass die vegetarischen Vorfahren von uns Menschen aus einem breiten Nahrungsangebot auswählen konnten, wohingegen die fleischfressenden Vorgänger unserer Haushunde mit dem vorlieb nehmen mussten, was sie erlegen konnten. Während ein Mensch um die 9.000 Geschmacksknospen auf seiner Zunge besitzt, sind es beim Hund nur ca. 1.700. Hunde können, genau wie wir, zwischen „süß", „sauer", „bitter" und „salzig" unterscheiden. Außerdem scheinen sie eine

Geschmacksknospe zusätzlich zu besitzen, die für „Wasser" zuständig ist.

Letztere könnte der Grund sein, weshalb manche Hunde an Wasser genauso hohe Ansprüche stellen wie ein Weinliebhaber an einen guten Bordeaux oder Burgunder. Wahrscheinlich haben Sie auch schon die Erfahrung gemacht, dass Ihr Hund das Wasser aus einer schlammigen Pfütze dem aus seinem frisch gefüllten Napf vorzieht. Es muss wohl der Geschmack sein, der Pfützenwasser für den Hundegaumen attraktiver macht als das chemisch aufbereitete Leitungswasser – wir wissen es jedenfalls nicht. Bisweilen zeigen Hunde auch ihre Abneigung gegen den oft stark hervortretenden Chlorgeschmack unseres Trinkwassers.

Alles in allem ist der Geschmacksinn für Fleischfresser wie unsere Haushunde nicht so wichtig wie für uns „Allesfresser". Bei ihnen steht beim Fressen der Geruch an erster Stelle, danach erst kommen Textur und Geschmack.

Der sechste Sinn?

Es wird heftig darüber debattiert, ob Hunde eine Art „sechsten Sinn" bzw. eine außersinnliche Wahrnehmung besitzen. Im Jahr 1952 setzte das amerikanische CIA Hunde mit außersinnlichen Fähigkeiten für Spionagetätigkeiten ein – über deren Erfolg wird jedoch nichts berichtet. Aber sind Hunde telepathisch veranlagt? Umfragen zufolge sind 48 % aller Hundebesitzer in den USA und England davon überzeugt, dass ihre Vierbeiner über diese Fähigkeit verfügen und auf unausgesprochene Kommandos und Gedanken reagieren.

Natürlich werden dabei oft die Fälle erwähnt, in denen Hunde wussten, dass sich ihr Herrchen gerade auf dem Nachhauseweg befand oder dass ein unliebsamer Besuch beim Tierarzt anstand oder ob ihr Besitzer vorhatte, gleich mit ihnen spazieren zu gehen: Meist lassen sich diese Tatsachen ohne telepathische Fähigkeiten erklären. Wie bereits erwähnt, kann das feine Gehör eines Hundes das Geräusch eines ihm vertrauten Motors auf große Entfernung wahrnehmen (siehe Seite 38) und wenn der Besitzer vorhat, mit seinem Hund gleich Gassi zu gehen, dann reichen oft schon ein paar leichthin gesprochene Worte oder bestimmte Vorbereitungen aus, um den Hund in freudige Erwartungsstimmung zu versetzen. Sie reagieren weit sensibler auf kleinste Stimmungsschwankungen beim Menschen als man gemeinhin annimmt und sie kennen ein umfassendes Vokabular an menschlichen Worten – inklusive deren Bedeutung – auch wenn sie selbst nicht sprechen können (siehe Seite 98).

Wissenschaftliche Beweise für außersinnliche Wahrnehmungen

Trotz allem konnte durch wissenschaftliche Experimente nachgewiesen werden, dass Hunde über echte telepathische Fähigkeiten verfügen. Dr. Rupert Sheldrake, Biochemiker und Forscher für paranormale Fähigkeiten, hat seine Forschungsergebnisse über Jaytee, einen Terrier, festgehalten. Dieser Hund setzte sich jeden Werktag gegen 16.30 Uhr ans Fenster, wenn sein Frauchen sich auf den Heimweg von ihrer 22 km entfernten Arbeitsstelle machte und wartete dort, bis sie ca. 45 Minuten später nach Hause kam.

Sheldrake führte mit Jaytee über 100 Experimente durch, von denen viele von „Skeptikern" überwacht wurden. Bei einigen ging die Besitzerin zu einer anderen Zeit von ihrer Arbeitsstelle los, ohne vorher die Familienmitglieder darüber zu informieren, damit ausgeschlossen war, dass sie dem Hund unbewusste Hinweise gaben. Um auch den Faktor des „vertrauten Motorengeräusches" auszuschließen, fuhr sie öfter mit dem Fahrrad, Taxi oder dem Zug nach Hause. Doch in jedem dieser Fälle setzte sich Jaytee pünktlich zu der Zeit ans Fenster, wenn sein Frauchen von ihrer Arbeit losging. Die Chance, dass es sich hierbei um Zufälle handelte, steht 100.000 zu 1.

Sheldrake führte außerdem eine Umfrage unter Haustierbesitzern in Greater Manchester durch. Es stellte sich heraus, dass 46 % der Hunde- und 14 % der Katzenbesitzer behaupteten, dass ihr Tier im Voraus ahnte, wann sich ein bestimmtes Familienmitglied auf dem Weg nach Hause befand.

Routinemäßige Wahrnehmung

Jaytees verblüffende Fähigkeiten unterscheiden sich von den Situationen, die Tierhalter meist beschreiben, wenn es um die Vorausahnung ihrer Vierbeiner geht: Manche Hunde laufen auf und ab, winseln und setzen sich vor die Haustür – bis zu 30 Minuten bevor ihr Besitzer zurückkehrt.

Dieses Verhalten beweist, dass Hunde einen Sinn für Zeit und tägliche Routine besitzen, nicht aber unbedingt, dass sie sehr intelligent sind: Es handelt sich nur um den Sinn für die tägliche Routine, ohne dass sie eine zeitliche Vorstellung haben, wie lang eine Woche ist. Dies ist auch der Grund, weshalb sie dasselbe Ritual auch am Wochenende praktizieren, wenn ihr Besitzer nicht zur Arbeit geht.

Sicher besitzen Hunde assoziative Fähigkeiten und können zwei Vorstellungen miteinander verbinden. Gegen Ende des 19. Jh. hat der berühmte russische Wissenschaftler Pavlov auf anschauliche Weise dargestellt, dass Hunde das Klingeln einer Glocke mit ihrer Fütterungszeit assoziieren können. Was sie jedoch nicht können, ist, zwei zeitlich getrennt voneinander ablaufende Geschehnisse in Verbindung zu bringen: Das ist auch der Grund, weshalb ein Hund, der auf einem Spaziergang seinem Herrchen davonläuft und nach zwei Stunden nach Hause zurückkehrt, nicht weiß, warum man ihn bestraft. Er begreift nicht, dass er für ein Ereignis bestraft wird, das Stunden zurückliegt.

Wahrnehmung menschlicher Emotionen

Manche Menschen glauben, dass es möglich ist, mit einem Hund oder einem anderen Haustier auf telepathischem Weg zu kommunizieren, und es gibt sogenannte Tierpsychologen, die dies sogar professionell tun.

Besitzen Hunde Einfühlungsvermögen?

Die bekannte amerikanische Autorin, Anthropologin und Tierfreundin Elizabeth Marshall Thomas beschreibt in ihrem Buch *The Hidden Life of Dogs* (siehe Seite 140) die „einfühlsame Beobachtungsgabe“ ihres Hundes, der einmal „meine düstere Stimmungslage über eine Entfernung von hundert Metern erfühlte und als Reaktion darauf sein Verhalten von ‚vergnügt‘ auf ‚deprimiert‘ umstellte.“ Einige Tierpsychologen und ganz bestimmt alle Hundeexperten (siehe Seite 54) würden dieser Aussage widersprechen und im Verhalten des Hundes einfach die Reaktion auf ihre „negative“ Körpersprache sehen, was nichts mit „Gedankenlesen“ zu tun hat.

Aus meiner Praxiserfahrung als Tierarzt, der mit vielen verschiedenen Tieren – sowohl exotischen Wildtieren, Wölfen, Wildhunden, aber natürlich auch Haustieren – zu tun hatte, kann ich bestätigen, dass sich meine Stimmung irgendwie auf meine tierischen Patienten übertrug: War ich in geradezu euphorischer Stimmung, dann schienen sie auf meine Therapie schnell und gut anzusprechen bzw. zu genesen, während dies, wenn ich schlecht gelaunt war, nicht der Fall war. Man kann nicht sagen, ob es nun an einem veränderten Körpergeruch lag oder ob es tatsächlich mentale Kommunikation war.

Durch Laute, Körpersprache, Verhalten und Gesichtsmimik können Hunde – besser als jedes andere Haustier – einer ganzen Reihe von komplexen, „menschenähnlichen“ Emotionen Ausdruck verleihen – darunter Ärger, Zufriedenheit, Angst und Überraschung. Ebenfalls außer Zweifel steht, dass sie eifersüchtig werden können, wenn sich z. B. ihr Besitzer mit einer anderen Person oder einem anderen Tier abgibt. Es gibt ja den berüchtigten Fall zweier Boxerrüden, die sich offensichtlich in die neue Verlobte ihres Herrchens verliebt hatten und nun – genau wie menschliche Rivalen – um ihre Gunst wetteiferten, was nicht selten in regelrechte Kämpfe ausartete. Man bekam die Situation erst in den Griff, als man den Hunden ein Medikament verschrieb, das den Level an Serotonin, einem wichtigen chemischen Stoff, der für Stimmungen und Emotionen zuständig ist, anhob.

Orientierungssinn

Es gibt unzählige Berichte darüber, wie Hunde (und Katzen) über unglaublich große Entfernungen hinweg den Weg zurück nach Hause fanden. Einer davon handelt von Bobbie, dem Wunderhund aus Oregon im Nordwesten der USA. Im Jahr 1923 brauchte dieser Border Collie ganze sechs Monate, um von Indiana im mittleren Westen der USA (wo er bei einem Besuch, den seine Besitzer dort machten, verloren ging) in seine Heimat Silverton in Oregon zurückzukehren. Auf seiner Reise legte er 4.100 km zurück. In Silverton wird die Heimkehr des Hundes immer noch jedes Jahr am 15. Februar mit dem sogenannten „Bobbie Day“ gefeiert. Ein Labrador-/Chow-Mischling namens Bear, der einer Familie in Wichita, Kansas, gehörte, brauchte sogar noch länger für seine Heimreise – nämlich ganze sechs Jahre!

Doch wie vollbringen Hunde solch Meisterleistungen? Wir wissen es nicht. Man vermutet, Hunde könnten sich am Stand der Sonne orientieren, d. h. sie merken sich, in welchem Winkel die Sonne zu einer bestimmten Tageszeit steht und vergleichen diesen unbewusst mit demjenigen an ihrem Heimatort. Sobald sie einen Unterschied feststellen, bewegen sich die Hunde eventuell in eine andere Richtung, prüfen den Stand der Sonne erneut und wenn sich der Winkel als noch „schlechter" herausstellt, ändern sie ihren Kurs. Hätte sich der Winkel jedoch verbessert, dann würde das auf die richtige Richtung hindeuten. Natürlich tragen Hunde keine Armbanduhr, auf der sie die Zeit ablesen können, doch scheint es sehr wahrscheinlich, dass sie – genau wie Menschen und höhere Säugetiere (und Küchenschaben!) – eine innere biologische Uhr besitzen. Eine andere Möglichkeit wäre, dass sich im Gehirn des Hundes, wie beispielsweise in dem von Tauben, Zellen befinden, die auf Magnetfelder sensibel reagieren und so als innerer Kompass fungieren.

Über kürzere Distanzen als z. B. die von Bobbie zurückgelegte, finden Hunde ihren Weg nach Hause mittels einer kognitiven Landkarte, die sie auf früheren Spaziergängen in ihrem Gehirn abgespeichert haben. Auf dieser Karte sind alle Schlüsselpunkte in der Umgebung eingezeichnet und wie sie geometrisch miteinander verbunden sind. Auf diese Weise können Hunde – wie auch Menschen, Bienen und Schildkröten – die jeweils kürzeste Route nach Hause bestimmen, wenn sie einmal ihr Ziel lokalisiert haben.

Träume

Hunde verschlafen ungefähr die Hälfte des Tages, bewegen sich ca. ein Viertel des Tages und verbringen das übrige Viertel liegend oder sitzend. Die größeren Hunderassen, wie z. B. Neufundländer, Bernhardiner und Mastiff, verbringen zwischen 16 und 18 Stunden täglich mit Schlafen. Träumen sie dabei auch? Hundehalter, die ihren Hund schon beim Schlafen beobachtet haben, sind fest davon überzeugt: Im Schlaf zuckt der Hund mit den Pfoten bzw. vollführt Laufbewegungen, wedelt und gibt eventuell sogar noch Laute von sich. Beim Menschen geht der sogenannte REM-Schlaf (desynchronisierter Schlaf) mit Träumen einher und Ähnliches kann man auch bei Hunden beobachten, die während dieser Schlafphase ihre Augen bewegen. Bei Mensch und Hund ist die erste Phase nach dem Einschlafen der sogenannte Slow-Wave-Schlaf (SWS), bei dem die Hirnströme langsam fließen, die Muskeln nicht vollkommen entspannt und somit das Gehirn relaxen kann. Darauf folgt der REM-Schlaf.

Welpen verbringen mehr Zeit mit dem REM-Schlaf als erwachsene Hunde, wahrscheinlich weil sie tagsüber viele neue Informationen sammeln, die sie später im Schlaf erst einmal verdauen, verarbeiten und einordnen müssen. Wir können jedoch nur raten, wovon sie tatsächlich träumen und ob in ihren Träumen die Fantasie auch eine Rolle spielt.

Sowohl bei Menschen als auch Hunden scheinen Träume zur routinemäßigen Verarbeitung und Datenspeicherung von Erinnerungen notwendig zu sein. Während des Schlafs muss der Gedächtnisspeicher des Gehirns bereinigt und neu organisiert werden – diesen Vorgang nennen wir Träumen.

Natürlich können wir uns nur unsere eigenen Vorstellungen darüber machen, was Hunde wohl träumen und die Antwort auf die Frage „Träumen Hunde in Farbe?" kennt bisher niemand. Ein schlafender bzw. träumender Hund bewegt sich dabei viel stärker als ein Mensch. Hunde träumen über kürzere Zeitphasen als wir Menschen, Welpen träumen mehr als alte Hunde und kleine Rassen mehr als große. Selbst wenn man merkt, dass ein Hund offensichtlich einen Albtraum hat, sollte man ihn besser nicht wecken.

Genialer Hund

Vor einigen Jahren schickte eine Frau aus dem schottischen Inverness ihren Border Collie zu einem Freund nach Kalkutta in Indien. Ein paar Monate später tauchte der Hund vor seinem ehemaligen Heim in Inverness auf! Er war offensichtlich in Kalkutta an Bord eines Schiffes gegangen, das nach Dundee unterwegs war. Dort angekommen, stieg er auf ein Küstenschiff um, mit dem er bis nach Inverness gelangte. Wie lässt sich diese geniale Tat nun einordnen? Sie ist unerklärlich. Zu jener Zeit bekam man als Antwort darauf, dass sich der Hund wohl von dem vertrauten schottischen Akzent der Schiffsmannschaft angezogen fühlte.

Mit dem Hund **kommunizieren**

Hunde können ihre Gefühle nicht durch echte Sprache ausdrücken, wohl aber durch ein ganzes Repertoire an Lauten, das von Bellen und Knurren mit unterschiedlicher Intensität bis hin zu Winseln und Fiepen reicht. Über geringe Entfernungen ist das wichtigste Kommunikationsmittel jedoch die Körpersprache, die jeder Hundehalter verstehen sollte.

Da wir mit unseren Haustieren nicht verbal kommunizieren können, zeigt uns z. B. die innovative Technik des „Hundeflüsterns" eine Möglichkeit auf, wie Mensch und Hund sich auf andere Art verständigen können. Mit Hilfe dieses sanften, menschlichen, psychologischen, ja beinahe spirituellen Ansatzes sind wir in der Lage, noch andere Aspekte des Hunde-Bewusstseins kennenzulernen.

Zu den weiteren bemerkenswerten Aspekten des Hundegehirns zählen sein Gedächtnis und gewisse mathematische bzw. geometrische Fähigkeiten, mit deren Hilfe der Hund räumliche Probleme im Alltagsleben berechnen kann – was besonders für Hüte- und Arbeitshunde sehr nützlich ist (siehe Seiten 66–67 und 76–77).

Lautäußerungen

Vor einigen Jahren war im Fernsehen ein Hund zu sehen, der zur großen Freude der Zuschauer das Wort „Würstchen“ artikulieren konnte. Mit solchen Dingen wollen wir uns hier allerdings nicht beschäftigen. Bei den Lautäußerungen, die wir näher betrachten, handelt es sich nicht um einen antrainierten Bühnentrick, sondern um normale Hundesprache: Die breite Lautpalette, die einem Hund – zusammen mit anderen Mitteln der Kommunikation – zur Verfügung steht, um Emotionen und Nachrichten zu übermitteln.

Tonhöhe und Lautstärke

Durch Anheben von Tonhöhe bzw. Lautstärke können Hunde Frust oder Emotionen ausdrücken. An der Universität von Kalifornien haben Forscherteams die Lautäußerungen von zehn Hunden aus sechs unterschiedlichen Rassen untersucht und herausgefunden, dass ihr Bellen der jeweiligen Situation entsprach.

So bedeutete z. B. ein hohes Bellen „Wo ist mein Herrchen?“, während ein tieferes, härteres Bellen so viel wie „Vorsicht, ein Fremder!“ hieß.

Knurren ist eher bei erwachsenen Hunden als Warnung gedacht als bei Welpen. Manche Hunde äußern im Spiel ein „Pseudo-Knurren“, wenn sie sich gegenseitig necken. Ein in der Tonhöhe schwankendes Grollen wird als „nicht aggressiv“ verstanden. Aggressives Grollen weist eine gleichbleibende bzw. stetig ansteigende Tonhöhe auf und wird von aggressiver Körpersprache begleitet (siehe Seite 52).

Übersetzungshilfe für „Hündisch“

Für Besitzer bzw. Hunde, die schon alles haben, kommt nun aus Japan die ultimative Übersetzungshilfe für die Verständigung zwischen Mensch und Hund: Das Superding heißt Bowlingual und die Tokioter Herstellerfirma Takara behauptet, es könne Bellen, Winseln und Wuffs in die jeweilige Muttersprache des Hundebesitzers umwandeln. Das Set besteht aus einem 7,5 cm großen Mikrophon, das am Halsband des Hundes befestigt wird und das die Laute an eine handtellergroße Konsole überträgt, die eine Datenbank enthält. Die Konsole kann sechs Emotionsäußerungen in der „Hundesprache“ erkennen – Zufriedenheit, Traurigkeit, Frust, Ärger, Durchsetzung und Wunsch. „Gruuuf!“ bzw. „Yowuuu!“ kommt es aus dem Hund und die Maschine übersetzt „Du schimpfst mit mir“, „Das hat Spaß gemacht!“ oder „Ich warte immer noch geduldig“.

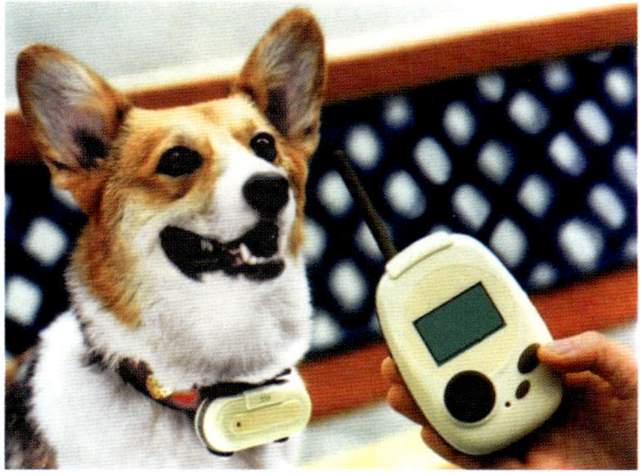

Unterhaltungen mit dem Menschen

Als Folge des Domestizierungsprozesses – der beim Hund enger verlief als z. B. bei Pferd oder Katze – haben sich die „hündischen“ Lautäußerungen zu einer Art Sprache entwickelt. Mensch und Hund bilden nun eine Gemeinschaft, in der die Fähigkeit zur Kommunikation zwischen den Arten von unschätzbarem Wert ist. Verhaltensforscher an der ungarischen Eotvos Lorand Universität haben 90 freiwilligen Testpersonen Tonaufzeichnungen vom Bellen ungarischer Hütehunde – den Mudis – vorgespielt (siehe Seiten 66–67). Es handelte sich um Lautäußerungen dieser Hunde in verschiedenen Situationen, wie z. B. beim Zusammentreffen mit einem Fremden, Warten auf die Mahlzeit und Spielen mit anderen Hunden. Unabhängig davon, ob die Testpersonen selbst einen Mudi besaßen oder nicht, konnten sie die emotionale Bedeutung der unterschiedlichen Bell-Laute, sowie die Situationen, aus denen sie resultierten, mit erstaunlicher Genauigkeit benennen. Sie lagen in einer von drei Situationen richtig – das ist mehr als wenn sie geraten hätten. Man könnte folglich behaupten, dass Hunde gelernt haben, sich uns mitzuteilen.

Körpersprache

Sowohl bei Menschen als auch Hunden gehört die Kommunikation durch Körpersprache – ob subtil oder offensichtlich – zum normalen Verhalten. Sie kann von beiden Spezies bewusst oder unbewusst eingesetzt werden und zielt natürlich darauf ab, vom Gegenüber visuell wahrgenommen zu werden. Während für den Menschen die Sprache eine größere Rolle spielt, sind Körpersprache und Geruchssinn die Schlüssel zur Kommunikation unter Hunden.

Körpersignale des Hundes

Jeder Hund besitzt unzählige Körpersignale, mit deren Hilfe er seine Emotionen und Absichten zum Ausdruck bringen kann. Dabei kann der ganze Körper oder auch nur Teile davon – einschließlich des Gesichtsausdrucks – eingesetzt werden und oft mit Lautäußerungen einher gehen. Seien Sie also aufmerksam und stellen Sie sich auf die Signale ein, die Ihr Hund durch Körperhaltung, Lautäußerung, Ohrenstellung, Augen, Lippen, Zunge, Schwanz oder Fell aussendet.

Normalausdruck

Im Normalausdruck trägt der aufmerksame und fröhliche Hund seine Rute ohne jegliche Körperspannung. Er bewegt sich frei und hält den Kopf oben. Die Zunge kann dabei heraushängen und die Kiefer sind entspannt.

Spiellaune

Wenn ein Hund zum Spielen auffordert, dann begibt er sich in die Vorderkörpertiefstellung. Dabei bellt er eher leise oder grollt in höheren Tönen. Eventuell hebt er auch eine Vorderpfote, lehnt sich zur Seite, wobei der Kopf beinahe den Boden berührt, oder er springt vor und zurück, während er den Kopf hebt und die Kiefer entspannt sind. Dabei wedelt er breit mit der Rute.

Aktive Unterwerfung

Hierbei nimmt der Hund eine flache Kauerstellung ein, hebt eventuell eine Vorderpfote als zarte Aufforderung zum Spielen. Die Lefzen sind zurückgezogen, Zähne sind nicht sichtbar, der Körper ist nicht angespannt, der Hund kann winseln oder bellen und wedelt schnell, aber nicht kräftig. Die Ohren sind angelegt. Oft werden die

eigenen Mundwinkel oder die des ranghöheren Tieres geleckt. Der unterwürfige Hund dreht sich oft zur Seite, um seine Flanke zu präsentieren.

Passive Unterwerfung

Die Ohren des Hundes sind angelegt, die Rute hängt nach unten und wird um ein Bein geschlungen oder unter den Bauch eingezogen – der Hund macht sich klein. Der Kopf ist gesenkt, um einen Augenkontakt zu vermeiden, die Lefzen sind zurückgezogen. Meist rollt sich der Hund auf den Rücken und bleibt so lange liegen, bis das ranghöhere Tier zufriedengestellt ist.

Abwehrdrohen

Tritt auf, wenn sich der Hund einer bedrohlichen Situation gegenüber sieht. Dabei zeigt der Hund – unter ständigem Knurren bzw. Grollen – die Zähne. Die Ohren sind flach angelegt, die Rute ist eingekniffen. Der ganze Körper steht unter Spannung und die Hinterbeine sind absprungbereit. Die Rückenhaare stellen sich auf.

Angriffsdrohen

Tritt auf, wenn der Hund versucht, eine Konfrontation anzuzetteln. Statt den Gegner zu verwarnen, geht der Hund selbstbewusst, Rute, Fell und Ohren aufgestellt, auf diesen zu. Er starrt sein Gegenüber direkt und ohne zu blinzeln an, fletscht die Zähne und schnappt meist dabei.

Schwanzwedeln

In Italien wurden in jüngster Zeit Studien durchgeführt, die zeigten, dass ein Hund je nach emotionaler Stimmungslage, entweder nach links oder rechts wedelt. Wedelt er nach rechts, so deutet dies meist darauf hin, dass der Hund gut gelaunt und entspannt ist. Wedelt er nach links, dann heißt es, dass er sich unsicher fühlt und die Szene am liebsten verlassen würde. Wie bei uns Menschen ist die rechte Gehirnhälfte des Hundes für die Steuerung der linken Körperhälfte zuständig, die das Rückzugsverhalten kontrolliert. Die linke Gehirnhälfte hingegen steuert die rechte Körperseite und wird mit guter Stimmungslage in Verbindung gebracht.

Gesichtsmimik

Wie der Mensch ist auch der Hund mit Gesichtsmuskeln ausgestattet, die für die verschiedenen Gesichtsausdrücke zuständig sind – wobei seine Muskeln denen des Menschen zahlenmäßig unterlegen sind und auch nicht so effizient gesteuert werden können.

Die Lefzen können nach hinten gezogen werden, um die Waffen des Hundes – seine Zähne – zu entblößen. Das Zeigen der Zähne ist nicht immer ein Ausdruck von Aggressivität – bei manchen Hunden gibt es das Phänomen des „Lachens". Zum Ausdruck des Wohlfühlens werden die Lippen ebenfalls zurückgezogen und die Schneidezähne gezeigt. Ein abwehrdrohender Hund zieht die Lefzen so weit nach hinten, dass selbst noch die spitzen Fangzähne sichtbar sind.

Die Ohren sind äußerst beweglich und können in die Richtung gedreht werden, aus der ein Geräusch kommt: Selbst Hunde mit Schlappohren, wie z. B. der Spaniel, können ihre Ohren aufstellen, obwohl sie damit nicht die Bandbreite an Ausdrucksmöglichkeiten haben wie Rassen mit Stehohren.

Die Augen sind ebenfalls sehr ausdrucksstark. Ist der Hund zufrieden, dann leuchten seine Augen. Manche Hunde heben die Augenlider und Brauen an, wenn sie überrascht oder verwirrt sind – wobei oft noch zur Unterstreichung der Kopf schräg gehalten wird. Ein ängstlich-aggressiver Hund

hat einen „wilden" Ausdruck in seinen Augen, die Gesichtshaut ist gespannt, das Weiße in den Augen ist gut zu sehen und die Pupillen erweitert. Bei einem angriffsdrohenden Hund sind die Pupillen verengt und er fixiert den Gegner mit starrem Blick. Für Hunde bedeutet starres Fixieren eine Herausforderung. Wenn ein Mensch einen Hund anstarrt, so wird dieser meist den Blick abwenden. Ein selbstsicherer Hund mit einem vertrauensvollen Verhältnis zu seinem Herrchen wird als Reaktion einen fragenden Blick aufsetzen. Versuchen Sie trotz allem nicht, einen Hund „niederzustarren", wenn Sie sich nicht ganz sicher sind, dass Sie mit einer möglichen Attacke zurechtkommen!

Signale der Rute

Die Rute eines Hundes ist Teil seines Kommunikationssystems und wird außerdem zur Balance und beim Schwimmen als Ruder verwendet. Wenn ein Hund offen und fröhlich mit dem Schwanz wedelt, dann zeigt er damit seine Freude bzw. will zum Spielen oder Spazierengehen auffordern. Bei aggressivem Verhalten wird die Rute starr nach unten gehalten, bei Angst oder Unterwürfigkeit eingekniffen (siehe Seiten 51–52). Eine Folge der völlig unnötigen Verstümmelung von Hunden, die wir als „Kupieren" bezeichnen, ist, dass der Hund seine Körpersprache nicht deutlich zum Ausdruck bringen und sich in einer ungewollten Rauferei wiederfinden kann. Es kann gut sein, dass der eigentliche Grund für das Kupieren von Rassen wie Dobermann und Rottweiler genau darin lag, die Aggressivität zu steigern, indem man ein Ausdrucksmittel für Unterwerfung ausschaltete.

Prof. Coren (siehe Seite 18) hat die „Rutensignale" genauestens erforscht und behauptet, subtilste Unterschiede in Stellung bzw. Bewegung der Rute erkennen zu können. Hier einige seiner Ergebnisse:

- Ein breites Schwanzwedeln bedeutet „Ich mag dich".
- „Schüchternes" Schwanzwedeln heißt „Ich sehe, dass du mich anschaust. Du magst mich doch, oder?"
- Langsames Wedeln mit der Rute auf „Halbmast" hat die Bedeutung „Ich möchte dich ja verstehen, aber es gelingt mir nicht".
- Eine fast horizontale, aber nicht angespannte Schwanzstellung drückt aus „Gleich könnte hier etwas sehr Interessantes passieren".
- Ein steil aufgerichteter, über dem Rücken leicht eingerollter Schwanz gibt zu verstehen „Ich bin ein Top-Hund!"
- Ein in Richtung Hinterbeine zeigender Schwanz mit leicht nach innen gerichteten Hinterbeinen bedeutet „Ich fühle mich unsicher".

Erziehungsmethoden

„Hundeflüstern“ (oder einfacher: Hundeerziehung unter Einbeziehung moderner Forschungsergebnisse) ist eine relativ neue Methode der Interaktion zwischen Mensch und Hund, die als Training oder einfach zur Vertiefung der Beziehung von Herrchen und Hund eingesetzt werden kann. Sie wollen Ihren Hund besser kennenlernen? Eignen Sie sich die wichtigsten Grundkenntnisse an: Was brauchen Hunde, wie lernen sie – und Sie werden Ihren Hund besser verstehen!

Grundprinzipien

Anfangs gab es das „Pferdeflüstern“, bekannt geworden durch den Film „Der Pferdeflüsterer“ mit Robert Redford, und danach kam das „Hundeflüstern“. Bei letzterem handelt es sich keineswegs um eine neumodische Laune von Hundefreunden, sondern um Erziehungsmethoden, die auf der Erforschung des Hundeverhaltens unter natürlichen Bedingungen basieren. Das Grundprinzip besteht darin, eine gute Beziehung zwischen Hund und Halter herzustellen, bei der der Mensch die Stellung des Leittiers einnimmt. Selbst die verwöhntesten Rassehündchen wie Papillon oder Chihuahua begreifen von Natur aus die in einer Gruppe herrschende Hierarchie: Es liegt in ihren Genen.

Diese Methoden werden entweder nur zu dem Zweck eingesetzt, die Beziehung zwischen Hund und Herrchen zu vertiefen bzw. zu stärken, oder aber tatsächlich als Trainingsmethode. Bei der Ausbildung eines Hundes kann es von unschätzbarem Wert sein, dass der Besitzer lernt, das Ausdrucksverhalten seines Tieres zu verstehen – dann fällt auch die Erziehung leichter.

Beschwichtigungssignale

Die Norwegerin Turid Rugaas führte Studien mit Wölfen und Hunden durch und stellte fest, dass diese Tiere verschiedene Beschwichtigungssignale in Form von Körperhaltung, Gesichtsmimik usw. einsetzten, um Konflikte zu vermeiden. Dazu zählen die Vermeidung von Blickkontakt, Über-die-Schnauze-lecken, Pföteln und andere Signale – Verhaltensmuster, die vom Besitzer oft missverstanden oder als Ungehorsam bzw. Desinteresse gedeutet werden.

Wedeln ist nicht ausschließlich ein Ausdruck von Fröhlichkeit, es bedeutet auch, dass der Hund, wenn er sich wohl fühlt, „mitmischen“ möchte. Manche Hunde wedeln mit dem Schwanz, wenn man sie davon abhält, einer Katze oder einem Eindringling hinterher zu rennen, mit denen sie sich gern abgeben würden.

Wenn ein Hund seine Zähne zeigt, so ist das durchaus als Drohung gemeint, wenn er dabei jedoch Kopf und Schwanz senkt, mit den Augen blinzelt und sein Körper geduckt ist, möchte er damit zum Ausdruck bringen, dass er eigentlich gerne in Ruhe gelassen werden möchte und nur aus Angst droht.

Menschliche Körpersignale

Wie steht es eigentlich mit dem Verstehen unserer Körpersprache durch den Hund? Als bedrohliche Signale empfunden werden können: Schweigen, direkter Augenkontakt ohne Blinzeln, direktes Anstarren, tiefe Kehllaute sowie Bewegungen über dem Körper des Hundes. Als nicht bedrohlich werden die folgenden Körpersignale des Menschen verstanden: Zwinkern, übertriebenes Blinzeln, Seitwärtsbewegungen, direkten Augenkontakt vermeiden, parallel zum Hund stehen, Berührungen unter dem Kinn, Positionen in Augenhöhe des Hundes, wie z. B. in der Hocke oder auf den Knien, sowie hohe Töne.

Wie würde ein Hundetrainer also mit einem aggressiven Hund umgehen? Er würde mit den Augen blinzeln, sich abwenden und stehen bleiben. Es würde jedoch wohl zu weit gehen, sich auf die Knie zu begeben und den Boden nach Hundemanier abzuschnüffeln!

Man darf nie vergessen, dass Hunde wahre Meister der Körpersprache sind und selbst geringste Bewegungen achtmal besser wahrnehmen als wir Menschen. Hunde sind scharfe Beobachter, die alles registrieren – ein schwaches Flackern des Augenlids, eine erschreckte bzw. zögerliche Geste und sogar die Frequenz und Tiefe der Atemzüge. Sie meinen vielleicht, Gefühle wie Furcht oder Überraschung verbergen zu können – doch diesen hochsensiblen Tieren können Sie nichts vormachen. Selbst wenn ein Mensch zwar Angst hat, aber nicht ängstlich handelt, weiß der Hund Bescheid, weil er die im Schweiß enthaltenen Pheromone wahrnimmt, die ein verängstigter Mensch absondert.

Wenn man diese einfachsten Prinzipien in die Praxis umsetzt, kann man sich einem schwierigen Hund, besonders einem nervösen, nähern, ohne dass er nach einem schnappt oder sogar beißt – aber bitte nehmen Sie sich immer einen erfahrenen Trainer zuhilfe. Er kann im Zweifel die Signale des Hundes besser lesen und bedrohliche Situationen entschärfen. Nähern Sie sich dem Hund nicht frontal, sondern von der Seite. Fixieren Sie ihn nicht mit den Augen. Bewegen Sie sich langsam und locker und werfen Sie ihm einen Leckerbissen zu. Handelt es sich um einen extrem nervösen Hund, dann drehen Sie ihm den Rücken zu und gehen in die Hocke. Strecken Sie eine Hand aus, damit er sie beschnüffeln kann. Sobald er zugänglicher wird, streicheln Sie ihn sanft (bestehen Sie aber nicht darauf, ihn zu streicheln, wenn er knurrt oder nach Ihnen schnappt). Bedrängen Sie ihn nicht und bringen Sie ihn in keine ausweglose Situation – die beschriebene Methode kann gegebenenfalls auch Wochen dauern!

Schreiende Kinder mit ihren oft abrupten, fahrigen Bewegungen sind für solche Aktionen nicht geeignet und müssen unbedingt beaufsichtigt werden, wenn sie Interesse an einem fremden Hund zeigen.

Gähnen

Im Gegensatz zu uns gähnen Hunde nicht vor Langeweile. In den meisten Fällen ist Gähnen als Ausdruck von Müdigkeit oder als Übersprungshandlung zu verstehen. Eine Übersprungshandlung erfolgt in Konfliktsituationen – eigentlich wäre stattdessen ein anderes Verhalten „logisch“.

Hund und **Mathematik**

Forschungen zufolge besitzen Hunde ein Grundverständnis für Zahlen und einfache Addition bzw. Subtraktion und eine angeborene Fähigkeit für trigonometrisches Rechnen. Die Zählfähigkeit ist für Mitglieder der Hundefamilie von großem Nutzen, vor allem bei der Jagd im Rudel. Die anscheinend angeborenen trigonometrischen Fähigkeiten sind verblüffend und helfen dem Hund, große Leistungen bei möglichst geringer körperlicher Anstrengung zu vollbringen.

Zählfähigkeit

Kann ein Hund zählen, addieren und subtrahieren? Vögel und Nagetiere sind beispielsweise in der Lage, einen größeren Stapel mit Objekten von einem kleineren zu unterscheiden – doch das ist nicht dasselbe wie Zählen. Für die Vorfahren unserer Haushunde, die Wölfe, deren Gehirn einen großen Neokortex enthält – das Zentrum des Verstandes – ist es von unschätzbarem Wert, ja eventuell sogar überlebenswichtig, innerhalb des Rudels bzw. auf der Jagd zählen zu können. Diese Tiere können Verbündete und Feinde zahlenmäßig bestimmen und auf der Jagd die Zahl der Beutetiere bzw. „Jagdgefährten" berechnen. Diese Zählfähigkeit ist sicherlich Bestandteil der Gesamtintelligenz des Hundes und eine bedeutende Begabung bei den Hütehundrassen, wie z. B. den Collies, dem Australischen Kelpie und früher auch bei den Corgis (siehe Seiten 66–67).

Wissenschaftliche Beweise

In jüngster Zeit wurden Experimente mit Hunden durchgeführt, die denen ähnelten, welche man zuvor mit fünf Monate alten Babys gemacht hatte. Beim „Baby-Experiment" stellte man eine bestimmte Anzahl von Puppen vor das Kind und versteckte sie danach hinter einem Schirm. Hinter der Abschirmung veränderte der Testleiter nun die Anzahl der Puppen, indem er entweder einige hinzufügte oder wegnahm. Dann wurde der Schirm entfernt. Da der Testleiter heimlich die Zahl der Puppen verändert hatte, stimmte sie nicht mehr mit dem Bild überein, welches das Baby im Kopf hatte und es betrachtete die Puppen viel länger als vorher. Vermutlich hatte es „Berechnungen" angestellt und das offensichtliche Hinzufügen bzw. Wegnehmen durch den Testleiter berücksichtigt, doch das Endresultat stimmte nicht mit seinen Erwartungen überein. Als man das gleiche Experiment mit 11 Mischlingshunden und Belohnungshappen statt der Puppen durchführte, reagierten die Hunde auf dieselbe Art und Weise: Sie betrachteten den Napf mit den Leckerbissen viel länger, wenn sich deren Anzahl verändert hatte. Die Hunde blieben völlig gelassen, als aus einem Leckerli plus einem weiteren Leckerli – wie alle intelligenten Menschen und Hunde wissen – erwartungsgemäß zwei Leckerli wurden. Als jedoch ein Leckerli plus ein Leckerli auf einmal drei ergab, schienen sie deutlich verwirrt zu sein. Man nimmt an, dass Hunde – wie zahlreiche andere Säugetiere – in der Lage sind, bis sieben zu zählen.

Heim-Experiment

Das oben beschriebene Experiment können Sie auch mit Ihrem eigenen Hund durchführen. Ich versuchte es mit dem Labrador Retriever eines Freundes, der besonders scharf auf Käsewürfel war, die wir daher auch als Leckerbissen verwendeten. Wir führten den Test insgesamt 25-mal durch, indem wir den Hund durch zahlenmäßiges Verändern der sieben Leckerbissen an der Nase herumführten. Wir notierten sorgfältig, wie lange er die geänderte Anzahl jeweils betrachtete. Die Resultate waren erstaunlich: Der Hund betrachtete die „gefälschte" Anzahl an Leckerbissen zwei- bis dreimal so lang und bedankte sich zum Schluss mit einem satten „Bäuerchen" mit Cheddar-Geruch!

Meisterleistungen

In Zirkussen und Varieté-Shows sind oft Hunde zu sehen, die anscheinend Meister im Zählen sind: In den meisten Fällen handelt es sich hierbei jedoch um Tricks. So läutet der Hund z. B. ein Glöckchen, wenn eine bestimmte Zahl erreicht wurde: Er reagiert dabei auf irgendein unauffälliges visuelles Signal (hier kommt ihm natürlich seine Sehschärfe zugute) des Dompteurs (z. B. ein kaum sichtbares Fingerschnippen) oder ein anderes unauffälliges körpersprachliches Signal, das für das Publikum nicht zu sehen ist, wohl aber für den Hund.

Differentialrechnen

Abgesehen von simplen Additions- bzw. Subtraktionsaufgaben hat sich jüngst herausgestellt, dass Hunde auch über fortgeschrittenere Rechenfähigkeiten im Bereich der Differentialrechnung – der Albtraum jedes Schulkinds – verfügen.

Im Jahr 2003 bemerkte Tim Pennings, Mathematiker am Hope College in Michigan, USA, dass sein Corgi Elvis beim Apportieren eines Tennisballes – egal ob an Land oder im Wasser – stets den kürzesten Weg wählte und damit die benötigte Zeit für das Holen und Bringen des Balls minimierte. Warf er den Ball in einem bestimmten Winkel zum Strand ins Wasser, dann hatte Elvis mehrere Möglichkeiten: Er konnte den Strand entlang rennen, bis er sich unmittelbar vor dem Ball befand und dann zu ihm hinausschwimmen oder gleich ins Wasser springen und bis zum Ball schwimmen oder einen Teil der Strecke an Land zurücklegen und dann schwimmen.

Ausgerüstet mit Stoppuhr und Maßband, führte Dr. Pennings mehrere Apportier-Experimente mit Elvis durch und stellte fest, dass der Hund – egal, welche Option er bei einer bestimmten Gelegenheit wählte, und egal, wie schnell er rannte bzw. schwamm – immer nur das Minimum an Zeit brauchte, um den Ball zu holen. Der Mathematiker war überrascht, als er entdeckte, dass diese Leistung einem Differential-Modell der Situation gleichkam. Die von Elvis gewählte Route stimmte jedes Mal mit der theoretisch idealen Route überein.

Seither haben mehrere Wissenschaftler diese Entdeckung bestätigt, darunter zwei Franzosen, die das Apportier-Experiment mit einer Labrador-Hündin namens Salsa an einem See bei Nîmes in Frankreich durchführten.

Angeborene Rechenfähigkeit

Einige Wissenschaftler vertreten die Meinung, dass der Hund in der Lage ist, spontane Berechnungen anzustellen, indem er seine Lauf- und Schwimmgeschwindigkeit abschätzt und zu jeder Zeit die Strecke auswählt, die ihm eine maximale Annäherungsgeschwindigkeit garantiert. Dr. Pennings hingegen glaubt – nachdem er weitere Experimente mit Elvis durchgeführt hat – dass ein Hund sich von vornherein eine „globale" Vorstellung vom optimalen Weg macht. Sicherlich

können Hunde diese beinahe unheimliche Fertigkeit nicht erlernen – sie ist ihnen angeboren und zeugt somit von einer weiteren Facette im Intellekt unseres Haushundes, die besonders für Hütehunde bei ihrer Arbeit mit beweglichen Objekten in Form von Schafen, Rindern usw. (siehe Seiten 66–67) von unschätzbarem Wert ist. Wir Menschen brauchen für eine derartige Berechnung Millimeterpapier, Kompass, Taschenrechner und Winkelmesser.

Sie können dieselbe Fähigkeit bei Ihrem Hund beobachten, wenn Sie ihm einen Ball oder ein Frisbee werfen. Er wird genau zum richtigen Zeitpunkt abspringen, um das Objekt in der Luft zu fangen, was bedeutet, dass er dessen Geschwindigkeit, Entfernung und Höhe in Sekundenschnelle „berechnet" hat – aber natürlich gehört auch einige Übung dazu.

Gedächtnis-Künstler?

Oft machen sich Hundehalter darüber Gedanken, ob ihr Tier sie wohl vergessen wird, wenn sie es eine Zeitlang in Pension weggeben. Hunde besitzen ein Gedächtnis, das sich jedoch vom menschlichen Erinnerungsvermögen unterscheidet: Es ist daher sicherlich schwierig, Tests zur Messung der Gedächtnisfähigkeit von Hunden zu entwerfen. Ihr Erinnerungsvermögen funktioniert im Alltag einwandfrei. Sie erkennen Familienmitglieder und Freunde und merken sich, was es bedeutet, wenn ihr Herrchen den Mantel anzieht und nach der Leine greift.

Verschiedene Gedächtnisarten

Wie beim Menschen und anderen Tieren, haben Wissenschaftler beim Hundegedächtnis unterschiedliche Bereiche festgestellt, die in der Tabelle unten aufgeführt sind.

Wie und woran erinnern sich Hunde?

Sicherlich können sich Hunde an bestimmte Ereignisse erinnern, es wäre jedoch schwierig, dies mittels eines Experiments herauszufinden. Es scheint sehr unwahrscheinlich, dass sie einen in ihrem Gedächtnis abgespeicherten Punkt beliebig abrufen können – dies geschieht eher mit Hilfe eines damit assoziierten Reizes, der unbewusst mit einem bestimmten Geruch, Geräusch oder einem angenehmen bzw. unangenehmen Erlebnis in Verbindung gebracht wird.

Einige Hundepsychologen sind der Meinung, dass ein Tier, das von seinem Besitzer in eine Pension gegeben wird, seine gesamten Erinnerungen an diesen verliert, als ob er nie existiert hätte. Aber ohne sein bekanntes Territorium und seine Familie fühlt sich der Hund total verlassen. Sensiblere Hunde können sogar ernste Depressionen bekommen. Hunde mit einer engen Beziehung zu ihrem Herrchen verfallen bisweilen in völlige Teilnahmslosigkeit und verweigern sogar tagelang ihr Futter. Kommt der Besitzer aus dem Urlaub zurück, dann wird die Erinnerung an ihn durch vertraute Laute, Gerüche und Bilder wachgerufen, sodass er ab diesem Zeitpunkt für den Hund wieder existiert. Anders ausgedrückt: Hunde denken während einer Trennungsphase nicht an ihre Besitzer.

Unterschiede zwischen einzelnen Tieren

Andere Experten behaupten wiederum, dass bei einem Hund bereits nach zehnstündiger Trennung von seinem Herrn, Teilnahmslosigkeit und Verzweiflung sowie die Erinnerung an ihn nachlassen. Nach all den Hunden, die ich kennengelernt habe, bin ich persönlich nicht davon überzeugt.

Es gibt Hunde, die sich sehr schnell auf einen neuen Besitzer einstellen, aber auch solche, die ein ausgeprägtes Langzeitgedächtnis besitzen, das neue Heim ablehnen, wiederholt ausreißen und oft richtig traurig wirken. Es scheint daher, dass es für manche Hunde mit einer sehr engen Beziehung zu ihrer Familie sehr schwierig, wenn nicht sogar unmöglich ist, eine Veränderung zu akzeptieren, während andere in ihrer unbekümmerten, weniger besitzergreifenden Art, sich relativ schnell umstellen können. Genetische Faktoren und eine angeborene Veranlagung können dabei eine Rolle spielen. Wir wissen es nicht.

Hauptbereiche des Hundegedächtnisses

Gedächtnisbereich	Art der Erinnerung
Ereignisse	Erinnerung an vergangene Erlebnisse
Semantisches Gedächtnis	Erinnerung an Fakten
Motorisches Gedächtnis	Erinnerung an Bewegungen (z. B. wie man etwas apportiert)
Räumliches Gedächtnis	Erinnerung an Orte und Verfügbarkeit einer mentalen Landkarte des heimatlichen Territoriums
Soziales Gedächtnis	Erinnerung daran, welcher Mensch bzw. welches Tier freundlich bzw. unfreundlich war

Zu kurz gedacht

Hunde können nicht denken im Sinne von reflektieren bzw. überlegen. Ihr Gedächtnis kann nicht beliebig eingeschaltet werden, sondern wird durch Reize in Gang gesetzt. Das soll jedoch nicht heißen, dass sie Dinge nicht emotional wahrnehmen (siehe Seite 26). Das können sie nämlich. Wir denken ja auch nicht über Gefühle, wie z. B. Trauer, nach, genauso wenig wie ein Hund. So wie es Menschen mit einem sonnigen Gemüt und solche mit negativer Einstellung gibt, so verhält es sich auch bei Hunden.

Lang- und Kurzzeitgedächtnis

Dies ist eine weitere Möglichkeit zur Klassifizierung des Gedächtnisses, obwohl die Grenze zwischen den beiden oft fließend verläuft und unter Wissenschaftlern für hitzige Diskussionen sorgt (hauptsächlich deshalb, weil Gedächtnistests bei Menschen so einfach und bei anderen Spezies so schwierig sind).

Beim Kurzzeitgedächtnis werden flüchtige Erfahrungen über einen kurzen Zeitraum gespeichert. Beim Langzeitgedächtnis werden Erfahrungen von grundlegender Bedeutung für das Leben des Einzelnen gespeichert. Hunde haben kein gut funktionierendes Kurzzeitgedächtnis. Forscher an der Universität Michigan, USA, behaupten, dass beim Hund das Kurzzeitgedächtnis nicht länger als fünf Minuten zurückreicht – bei einer Katze sind es immerhin 16 Stunden. In dieser Hinsicht übertreffen Katzen sogar Affen und Primaten! (Am unteren Ende der Rangliste steht der Goldfisch mit einem Kurzzeitgedächtnis von drei Sekunden.) Rico (siehe Kasten) setzt also ganz klar sein Langzeitgedächtnis ein, um die Spielzeuge zu unterscheiden.

Genialer Hund

Rico ist ein dreizehnjähriger Border Collie aus Deutschland. Er wurde von Wissenschaftlern des renommierten Max-Planck-Instituts getestet, weil er die Bezeichnungen für über 200 Spielzeuge kennt. Man benennt das Spielzeug und Rico holt es mit einer Trefferquote von 93 %. Was aber das Faszinierendste daran ist: Er findet sogar ein Spielzeug heraus, das er nicht kennt. Fügt man seiner Sammlung ein neues Spielzeug hinzu und bezeichnet es mit einem Namen, dann findet er dieses ihm unbekannte Objekt unter all den anderen heraus. Dies zeigt, dass er auf einfache Art logisch denken kann. Er weiß, dass vertraute Namen mit vertrauten Objekten in Verbindung stehen. Daher assoziiert er eine fremde Bezeichnung mit einem ihm fremden Objekt.

Selbst noch nach einem Monat kann sich Rico an den Namen des neuen Spielzeugs erinnern und es in 50 % der Fälle herausfinden, obwohl es ihm in der Zwischenzeit nicht mehr gezeigt wurde. Dieses „Schnellmerk-Verfahren" veranlasste die Experten dazu, Ricos Lernfähigkeit mit der eines dreijährigen Kindes gleichzusetzen.

Merkmale der wilden Vorfahren

Trotz aller großen Veränderungen in Bezug auf Denkweise und Verhalten unserer Hunde, die mit der Domestizierung einhergingen, steckt selbst in der ausgefallensten Hunderasse noch einiges vom Wolf. In den 1960er-Jahren untersuchte der deutsche Wissenschaftler Dr. Zimen das Verhalten eines Wolfsrudels und verglich es mit dem einer Gruppe von Pudeln, die in einem angrenzenden Gehege gehalten wurden. Er stellte fest, dass die Wölfe 362 unterschiedliche Verhaltensmuster aufwiesen, von denen bei den Pudeln noch 64 % in identischer bzw. ähnlicher Form vorzufinden waren. Nur 13 % des Wolfsverhaltens – hauptsächlich was die visuelle bzw. akustische Kommunikation anbelangt – konnte bei den Pudeln nicht mehr nachgewiesen werden.

Verhaltensprobleme

Viele Hundehalter würden gern verstehen, weshalb bei ihrem Hund einige Dinge aus dem Ruder laufen und ihr Tier unerwünschte Verhaltensmuster zeigt. Warum ist der Hund aggressiv, destruktiv, übertrieben nervös, renitent oder nicht stubenrein? Die Antwort darauf ist nicht einfach, weil es eine ganze Reihe von Ursachen gibt – psychologische und umweltbedingte – die hinter diesen Verhaltensproblemen zu suchen sind und die häufig mit dem Besitzer selbst zu tun haben.

Kluge Rasse- und Mischlingshunde

Hunderassen werden – je nach Aufgabe, die sie im Dienst des Menschen übernehmen – in mehrere Hauptgruppen unterteilt. Diese Unterteilung in Lauf- und Schweißhunde, Hüte- und Treibhunde, Pinscher, Schnauzer und Molossoide, Terrier, Dachshunde, Windhunde, Vorstehhunde, Spitze und Urtyp-Hunde, Gesellschafts- und Begleithunde und Apportierhunde wird von den meisten Züchterclubs anerkannt. Es gibt jedoch geringfügige Unterschiede: So unterscheidet man z. B. in den USA zwischen Jagdhunden und Nicht-Jagdhunden. Außerdem gibt es eine Zusatzgruppe „Vermischte Hunderassen" für Rassen, die vom American Kennel Club (AKC) noch nicht vollständig anerkannt wurden. Die Einteilung in Gruppen kann je nach Land unterschiedlich ausfallen. Und dann gibt es da selbstverständlich noch die beliebteste und zahlenmäßig stärkste Gruppe der Mischlingshunde!

Wir beschäftigen uns hier mit jeder dieser Hauptgruppen, den Ursprüngen dieser Hundetypen, den allgemeinen Merkmalen unserer heutigen Rassen mit Blick auf einige besonders erwähnenswerte, sowie mit praktischen Vorgehensweisen zur Steigerung der Intelligenz. Die Ergebnisse von Prof. Stanley Coren, der 79 Rassen auf ihr Verständnis bzw. ihre Gehorsamkeit auf Befehle hin getestet hat (siehe Seite 18) dienen als Leitlinie für die Intelligenz bestimmter Rassen innerhalb einer Gruppe.

Lauf- und **Spürhunde**

Sie sind die Athleten der Hundewelt und sicherlich nicht für Menschen geeignet, die in einer Hochhauswohnung leben. Sie brauchen sehr viel Auslauf und Beschäftigung und sorgen sicherlich auch dafür, dass ihr Herrchen fit bleibt!

Ursprung

Diese Hunde gehören zu den ältesten Rassen, die im Mittleren Osten bereits vor vielen tausend Jahren zur Jagd eingesetzt wurden. Sie besitzen ein ausgeprägtes Sehvermögen und gelten als schnelle bzw. geräuschlose Sprinter. Erst Jahrhunderte später wurden Jagdhunde, die das Wild anhand von Bodengerüchen aufstöberten, auch in Europa gezüchtet. Typisch für diese Hunde waren – und sind es immer noch – die kräftigen, stämmigen Beine, der lange Kopf mit den großen Nasenlöchern, Hängeohren sowie ein bemerkenswerter Geruchssinn, der bis zu einer Million Mal besser ist als der des Menschen!

Europäische Jagdhunde gehen auf das 11. Jahrhundert zurück. Einer dieser Hundetypen, der St. Hubert, war in Frankreich bereits vor 1066 zu finden und man nimmt an, dass Wilhelm der Eroberer einige Exemplare dieser Rasse mitbrachte, als er in Großbritannien einfiel. Damit führte er neue Stammbäume ein, die bis heute in den modernen Rassen – einschließlich der Bluthunde – überdauert haben.

Im Mittelalter war hauptsächlich der Landadel für die Zucht verschiedener Jagdhundrassen zuständig, darunter der heute ausgestorbene Devon Staghound und der Elchhund für die Jagd auf Rotwild und anderes großes Wild, die Bracken für Füchse, der Beagle für Hasen, der Coonhound für Waschbären und der Basset Griffon Vendéen für die Jagd auf Wölfe und Wildschweine.

Allgemeine Merkmale

Athletik und einzigartiger Geruchssinn zählen zu den beiden Hauptmerkmalen dieser Gruppe – und ein Jagdhund kann sowohl beide als auch nur eines davon besitzen. Jagdhunde sind praktisch veranlagt und sehr clever, wenn es darum geht, für den Menschen Aufgaben zu übernehmen, die er alleine nicht halb so gut hinbekommt. Sie sollten konsequent und liebevoll erzogen werden, brauchen aber sehr viel Bewegung.

Unterschiedliche Rassen

Heute werden zahlreiche Jagdhundrassen anerkannt. Abgesehen von Geruchssinn und Sehvermögen, weisen einige Jagdhunde noch andere „Arbeitstechniken“ auf, die bei der Jagd hilfreich sind: Der Coonhound nimmt die Fährte eines Waschbären mit seinem Geruchssinn auf, stöbert das Beutetier auf und „informiert“ dann den Jäger, indem er mit veränderter Stimmhöhe unablässig bellt.

Intelligenz	Rasse
Überdurchschnittlich	Dalmatiner (39)
Durchschnittlich	Black and Tan Coonhound (44), English Foxhound, American Foxhound, Otterhund, Rhodesian Ridgeback (52)
Ausreichend	Petit Basset Griffon Vendéen(62)
Unterdurchschnittlich	Basset Hound (71), Bloodhound (74)

Die Dachsbracke erscheint oft eher wie ein lebhafter Terrier, so viel Freude hat sie daran, mit erstaunlicher Ausdauer in unterirdischen Bauten nach Kaninchen, Füchsen und natürlich Dachsen zu stöbern. Jagdhunde sind ganz besonders erpicht auf Suchspiele – ihre Nase setzen sie nunmal besonders gerne ein.

Intelligenz

In Prof. Stanley Corens Studie über die Intelligenz von 79 unterschiedlichen Rassen schnitten Jagdhunde nicht besonders gut ab. Nach seiner Gruppierung rangieren Basset und Bluthund unter den letzten Plätzen aller Haushundrassen. Der Dalmatiner belegt in der Gruppe „Überdurchschnittlich intelligent“ den 39. Platz.

Steigerung der Intelligenz

Als „unerwünschte Nebenwirkung“ der unglaublich scharfen Sinne eines Hundes könnte man anführen, dass er sich durch flüchtig wahrgenommene Gerüche bzw. Aktivitäten am Rande, ablenken lässt. Um daher die Fähigkeit, Befehle zu verstehen und auszuführen, zu steigern, sollte man am besten zuerst die Konzentration fördern. Das heißt, man sollte den Hund häufig mit spielerischen Unterordnungsübungen wie „Sitz“ (siehe Seite 103), „Bleib“ (siehe Seite 106), „Komm“ (siehe Seite 105), „Bring“ (siehe Seite 114) und Suchspielen auf Trab halten. Der Hund sollte sich dabei zu jeder Zeit auf Sie konzentrieren. Je öfter Sie dies tun, desto besser wird sich Ihr Hund konzentrieren können und desto intelligenter wird er.

Hüte- und Treibhunde

Dieser Gruppe gehören einige der klügsten Hunderassen an. Diese sowohl körperlich wie auch geistig hoch entwickelten, wetterfesten Hunde arbeiten Hand in Hand mit dem Menschen und verrichten Aufgaben, die dieser nicht übernehmen könnte.
Bei einem Spaziergang auf dem Land gibt es nichts Spannenderes, als einem Hütehund zuzusehen, wie er eine Schafherde zusammenhält, dabei immer aufmerksam ein Auge auf seinen Herrn und Meister hat und seinen nächsten Befehl abwartet.

Ursprung

Diese Arbeitshunde sind meisterhafte Taktiker und Strategen: Schon seit Jahrhunderten arbeiten sie an der Seite von Schäfern, Hirten und Bauern und halten deren Schaf-, Kuh- und anderen Tierherden zusammen. Einige dieser Rassen, wie z. B. der Australian Kelpie, der Portuguese Cattle Dog und der Deutsche Schäferhund wurden – bzw. werden in manchen Fällen immer noch – zum Hüten der unterschiedlichsten Nutztiere, darunter auch Geflügel (wie beim Kelpie) eingesetzt. Andere werden außerdem zur Bewachung von Herden gebraucht. Der Komondor beschützt schon seit altersher die ungarischen Schaf- und Kuhherden vor Wölfen und man trifft ihn heute immer öfter auf nordamerikanischen Farmen an, wo er Kojoten abhalten soll. Die wunderschönen Collies hüteten und beschützten ursprünglich die Schafherden Schottland. Der ungarische Puli hütet und treibt Schafe und der Welsh Corgi wurde bei den alten Kelten noch als Hütehund für Rinderherden gehalten.

Allgemeine Merkmale

Diese Gruppe umfasst eine Vielzahl von klugen, mitdenkenden Rassen. Körperlich gesehen gehören Hütehunde zu den zähen Charakteren, die an harte Arbeit bei unwirtlichem Wetter und Gelände gewöhnt sind. Die meisten von ihnen besitzen eine wasserfeste doppelte Fellschicht. Sie besitzen eine angeborene Naturschärfe, können zählen und berechnen und sind schnell im Beobachten und Handeln. Hütehunde lieben Spiele, bei denen Wasser, Erkunden und Verstecken eine Rolle spielt. Der athletische und kluge Border Collie brilliert regelmäßig in Hundesport-Wettbewerben wie z. B. Agility, Frisbee und Flyball.

Unterschiedliche Rassen

Manche Rassen müssen einfach eine Aufgabe haben und sind unglücklich, wenn sie nur zur Gesellschaft gehalten werden. Einige der kleineren Hütehunde, wie der Lancashire Heeler, geben fröhliche Begleithunde ab und werden heute nur noch selten zur Arbeit verwendet.

Intelligenz	Rasse
Brillant	Border Collie (1), Deutscher Schäferhund (3), Shetland Sheep Dog (6), Australian Cattle Dog, Welsh Corgi (Pembroke) (10)
Ausgezeichnet	Tervueren (13), Groenendael (15), Malinois (22), Welsh Corgi (Cardigan) (26)
Überdurchschnittlich	Bearded Collie (34), Bouvier des Flandres (29)
Durchschnittlich	Australian Shepherd (42)
Ausreichend	Old English Sheepdog (63)

Der Heeler, der einst als Treibhund für Rinderherden verwendet wurde – wobei er hinter den Tieren her rannte und die Trödler unter ihnen in die Fersen zwickte – hat heute sein Vergnügen dabei, Ratten zu jagen. Vor einigen Jahren übergab ich ein Paar dieser Hunde an den Windsor Safari Park in Südengland, um die Nagetierplage im Tigergehege in den Griff zu bekommen. Sie arbeiteten nachts, wenn die Tiger im Raubtierhaus schliefen und brauchten nicht einmal zwei Wochen, um allen Ratten im Gehege den Garaus zu machen!

Intelligenz

Selbstverständlich gelten alle Rassen dieser Gruppe als hochintelligent – wobei der Border Collie gemeinhin als der intelligenteste Hund überhaupt angesehen wird. Auch andere Hütehunde rangieren auf den oberen Plätzen, fünf davon in den Top Ten.

Steigerung der Intelligenz

Will man den Verstand eines Hütehundes schärfen, dann sollte man sich auf Tests und Spiele konzentrieren, bei denen er Aufgaben lösen muss, z. B. bei der „Schatzsuche im Haus bzw. im Freien" und der „Schatzsuche für Fortgeschrittene" (siehe Seiten 87 und 120).

Terrier

Diese Hunde stecken voller Kraft und Lebensfreude. Heute gelten sie als faszinierende, amüsante und treue Begleiter und sind viel mehr als die „unterirdischen" Fuchs- und Dachsjäger vergangener Zeiten. Die meisten von ihnen sind ausdauernd und mutig und selbst die Bull Terrier, aus denen traurigerweise die von zwielichtigen Charakteren so geschätzten Pit Bulls entstanden, besitzen ein sonniges Wesen.

Ursprung

Alle Rassen wurden hauptsächlich in Großbritannien gezüchtet. Die ursprünglich für die unterirdische Jagd auf Füchse, Dachse, Kaninchen und Ratten gezüchteten Terrier erhielten ihre Bezeichnung von den Römern, die diesen „Erdarbeitern" den Namen terrarii – abgeleitet vom lateinischen *terra* = Erde – verliehen. In jeder Ecke Großbritanniens entstanden bestimmte Terriertypen: Aus England stammen Fox, Airedale, Bedlington und Bull Terrier, Schottland schenkte uns den Scottish, West Highland, Skye und Cairn Terrier, Wales den Welsh und Sealyham Terrier und Irland schließlich den Irish und Kerry Blue Terrier.

Allgemeine Merkmale

Flink in den Bewegungen und im Köpfchen, frech, unverwüstlich und von überschäumendem Temperament: So könnte man allgemein die Mitglieder der Gruppe Terrier charakterisieren. Heute sind diese Hunde als fröhliche, lebhafte Gefährten bekannt. Man könnte erwarten, dass diese aufgeweckten und mutigen Hunde sehr intelligent sind – und das sind sie auch (siehe unten). Doch diese Eigenschaften machen sie leicht ablenkbar, sodass man immer darauf achten sollte, dass auch nach dem Training Disziplin und Gehorsam erhalten bleiben. Sonst machen die kecken Kerlchen, was ihnen gerade so einfällt. Unter „Hundeleuten" gelten Terrier oft als schwer erziehbar, weil sie einfach zu intelligent, freiheitsliebend, sensibel und oft auch unkooperativ sind. Professionelle Hundetrainer, mit denen ich oft für Filme und Werbespots zusammenarbeite, vertreten da eine gegensätzliche Meinung. Sie behaupten, diese Hunde hätten eine schnelle Auffassungsgabe, wären motiviert und würden sich auf ihre Aufgabe konzentrieren. Nimmt man ihre Ausdauer und ihren Energieüberschuss noch hinzu, der sie befähigt, über einen langen Zeitraum hinweg zu arbeiten, dann hat man in ihnen echte Hochleistungshunde. Als Frischluftfanatiker lieben Terrier Ball- und Frisbeespiele ganz besonders.

Unterschiedliche Rassen

Der intelligenteste Terrier ist der Yorkshire Terrier, der von einigen nationalen Züchterclubs auch zu den Gesellschaftshunden gezählt wird. Der

Intelligenz	Rasse
Überdurchschnittlich	Airedale Terrier (29), Border Terrier (30), Manchester Terrier (32), Australian Terrier, American Staffordshire Terrier (34), Cairn Terrier, Kerry Blue Terrier (35), Silky Terrier (37), Norwich Terrier (38)
Durchschnittlich	Soft-Coated Wheaten Terrier, Bedlington Terrier, Smooth Fox Terrier (40), West Highland White Terrier (47), Staffordshire Bull Terrier (49), Drahthaar-Fox Terrier (51), Welsh Terrier, Irish Terrier (53), Boston Terrier (54)
Ausreichend	Skye Terrier (55), Norfolk Terrier, Sealyham Terrier (56), Dandie Dinmont Terrier, Tibet-Terrier, Lakeland Terrier (62), Scottish Terrier (65), Bull Terrier (66)

heute winzig kleine, oft mit Kleidern und Schleifen verzierte Schoßhund wurde vor 150 Jahren erstmals gezüchtet und war ursprünglich viel größer. Der Yorkie ist mehr als nur ein dekoratives Spielzeug mit langem, seidigem Fell, er ist vielmehr ein aufgeweckter, mutiger, selbstsicherer Hund, der auch als Wachhund geeignet ist.

Intelligenz

Auf der Liste der 79 von Prof. Coren auf Intelligenz getesteten Rassen findet man zehn Terrier in der Gruppe der überdurchschnittlich intelligenten Hunde.

Steigerung der Intelligenz

Bei der Erziehung eines Terriers hängt alles von der Konsequenz des Halters und dem Wesen des Hundes ab. Der Besitzer kann den IQ seines Hundes dadurch verbessern, indem er ihn Unterordnungsübungen ausführen lässt (siehe Seiten 102–115), das Ignorieren von Ablenkungen übt und Suchspiele veranstaltet.

Spitze und Hunde vom Urtyp

Dies ist eine etwas merkwürdige Bezeichnung für eine Gruppe von Rassehunden. Es sind häufig sehr freundliche, aber selbstständige und unabhängige Rassen.

Ursprung

Unter dieser Gruppe von Rassehunden finden sich einige der interessantesten und ungewöhnlichsten Hundetypen, die bis zu den frühesten Zuchtaufzeichnungen zurückreichen. Dazu zählen beispielsweise der Chow-Chow, der vor 3.000 Jahren in der Mongolei in Kriegsschlachten eingesetzt wurde; der Alaskan Malamute, der als die „Lokomotive" unter den Nordischen Schlittenhunden gilt und in der Lage ist, 160 km in weniger als 18 Stunden zurückzulegen, sowie der Podenco Ibicenco, der als Jagdhund für die Kaninchenjagd verwendet wird.

Allgemeine Merkmale

Diese Gruppe von Hunden läuft unter der Kategorie „Vermischtes", nachdem alle anderen Rassen genauestens eingeteilt wurden: Sie werden für einen bestimmten Zweck gebraucht, d. h. für eine Aufgabe gezüchtet. In dieser Gruppe sind Schlittenhunde ebenso zu finden wie Jagd-, Hüte- und Begleithunde.

Unterschiedliche Rassen

Einer der herausragendsten Vertreter der Arbeitshunde ist der von den Hunden der Mahlemuit Inuit-Eskimos im Westen Alaskas abstammende Alaskan Malamute. Dieser ausdauernde und intelligente Schlittenhund begleitete zuerst die Goldgräber, die während des Goldrauschs 1896 nach Alaska kamen, und später Admiral Richard Byrd auf seiner Südpol-Expedition in den Jahren 1928–30. Der hochintelligente, doch schnell gelangweilte Malamute ist nicht ganz leicht zu erziehen und neigt dazu, allerlei Unfug – z. B. in Form von Buddeln bis die ganze Wiese umgegraben ist – anzustellen. Menschen gegenüber ist er überaus freundlich, sodass er nicht wirklich zum Wachhund taugt. Artgenossen gegenüber kann sein dominantes Verhalten leicht zu Raufereien führen, in kleineren Tieren sieht er oft nur Beute. Der Shiba Inu war früher ein Jagdhund, heute wird er überwiegend als Begleithund gehalten.

Malamutes bellen zwar auch, doch meist klingt es eher wie ein „Wuuu, wuuuu" oder „Murr, murr". Fühlen sie sich unglücklich oder allein, dann stimmen sie ein Wolfsgeheul an.

Intelligenz

Wie steht es um die Intelligenz dieser Rassen? Sie variiert von Rasse zu Rasse, genau wie das jewei-

Intelligenz	Rasse
Ausgezeichnet	Island Hund, Xoloitzcuintle, Deutscher Spitz
Überdurchschnittlich	Shiba Inu
Durchschnittlich	Akita Inu (54), Sibirischer Husky (45), Alaskan Malamute (50)
Unterdurchschnittlich	Chow-Chow (76)

lige äußere Erscheinungsbild. Der Deutsche Spitz gilt als sehr intelligenter Hund, während der Chow-Chow zu den vier am wenigsten intelligenten Rassen zählt. Einige tauchen in der Rangliste von Prof. Coren auf – aber natürlich ist jede Rasse auf einem bestimmten Gebiet intelligent.

Steigerung der Intelligenz

Zu den idealen Aktivitäten zählen Bewegungs- und Versteckspiele (siehe Seiten 87 und 120) sowie Aufgaben, die Nachdenken und Geschicklichkeit erfordern, wie z. B. die Tests nach Prof. Coren (siehe Seiten 92–95).

Pinscher, Schnauzer und Molossoide

Nachdem der Mensch den Hund domestiziert hatte, begann er damit, selektiv Rassen zu züchten, die für einen bestimmten Aufgabenbereich besonders geeignet waren. Diese Gruppe umfasst Rassen, die auf eine Vielzahl von Aufgaben spezialisiert sind.

Ursprung

Die Vielfalt an Fertigkeiten, die die verschiedenen Rassen über die Jahrtausende durch selektive Zucht erlangt haben, ist auf die biologische Grundveranlagung der Familie der Hunde zurückzuführen, die als eine der erfolgreichsten Säugetiergruppen weltweit gilt. Intelligenz, Kraft, Ausdauer, Geschwindigkeit, ausgezeichnetes Sehvermögen, bemerkenswerter Geruchssinn, Geselligkeit sowie der angeborene Jagdtrieb eines Raubtiers – all das brachte der Hund schon mit. Der Mensch musste nur noch selektieren und bestimmte Merkmale gezielt herauszüchten, um einen unersetzlichen und talentierten Gehilfen für seine tägliche Arbeit zu erhalten – den Arbeitshund.

Zu dieser Gruppe zählt man beispielsweise den Neufundländer, den bekannten Lebensretter, der schon so viele Menschen vor dem Ertrinken rettete; den Rottweiler, der ein geschickter Hüte- und Treibhunde war und heute als Schutzhund eingesetzt wird; sowie die berühmte Bulldogge, die vom Menschen traurigerweise für die barbarische Stierhatz eingesetzt wurde.

Allgemeine Merkmale

Die Gruppe der Arbeitshunde besteht aus einer bunten Vielfalt spezialisierter Rassen. Eines haben sie jedoch alle gemeinsam: physische Kraft kombiniert mit „Genialität", was man unter dem Begriff „Arbeitsmoral" zusammenfassen könnte.

Unterschiedliche Rassen

Der Dobermann hat eine angeborene Schärfe und muss deswegen gut sozialisiert werden. Die Deutsche Dogge hat eine beeindruckende Größe und sollte schon allein deshalb eine konsequente Erziehung bekommen. Sie ist in ihrer Familie ein freundlicher und anhänglicher Hund, der zwar viel Bewegung braucht, die Gelenke dürfen aber nicht überlastet werden. Leider liegt die Lebenserwartung dieser stolzen Hunde nur bei etwa 8 Jahren. Schnauzer mussten ursprünglich die Ställe frei von Nagern halten, diese Leidenschaft haben sie sich bis heute beibehalten – kein Mauseloch ist vor ihnen sicher. Sie werden heute überwiegend als Familien- und Begleithunde gehalten, sie sind intelligent und gelehrig, manchmal aber auch etwas stur. Aber wenn sie konsequent erzogen werden, sind es ideale Begleiter.

Intelligenz	Rasse
Brillant	Dobermann (5), Rottweiler (9)
Ausgezeichnet	Berner Sennenhund (22), Zwergschnauzer (11), Mittelschnauzer (18)
Überdurchschnittlich	Neufundländer (34), Riesenschnauzer (28)
Durchschnittlich	Boxer, Deutsche Dogge (48)
Ausreichend	Bernhardiner (65)
Unterdurchschnittlich	Mastiff (72)

Intelligenz

Will man die Intelligenz der unterschiedlichen Arbeitshunde beurteilen, ist es sehr wichtig und nur fair, wenn man ihren IQ im Hinblick auf den ihnen zugeteilten Aufgabenbereich ermittelt. Die Intelligenz eines im Hochgebirge eingesetzten Arbeitshundes unterscheidet sich deutlich von der eines rattenjagenden Schnauzers bzw. eines auf den Kanaren lebenden Wach- und Schutzhundes. Erwartungsgemäß fällt bei einer so großen Vielfalt auch die Platzierung auf Corens Intelligenz-Liste entsprechend breitgefächert aus.

Steigerung der Intelligenz

Die Intelligenz dieser Hunde kann man mit Spielen fördern, bei denen sie ihre angeborenen physischen wie geistigen Fähigkeiten einsetzen können, seien es nun ihre visuellen Fertigkeiten oder die der Problemlösung. Raue Spiele, wie z. B. „Tauziehen" sind jedoch nicht unbedingt zu empfehlen, da es durch ihr selbstbewusstes Wesen leicht zu unbeabsichtigten Situationen kommen kann.

Begleit- und Gesellschaftshunde

Diese Rassen wirken zwar sehr „dekorativ“, sind für den Menschen jedoch genauso bedeutend wie Arbeits-, Hüte und Gebrauchshunde. Viele von ihnen eignen sich gut als Wachhunde, die ihre Besitzer aufmerksam vor jedem Eindringling warnen.

Ursprung

Ab dem Jahr 1863 verstand man unter den sogenannten Gesellschaftshunden nichts anderes als eine Zwergform. Die Mehrzahl dieser Hunde wurde ursprünglich wegen ihres dekorativen Äußeren gezüchtet. Es steht geschrieben, dass die chinesische Kaiserin beim Betreten ihres Palastes in der Verbotenen Stadt von 100 Japanischen Chins empfangen wurde, die so lange auf ihren Hinterbeinen verharrten, bis die Kaiserin Platz genommen hatte. Einige dieser Schoßhunde waren früher jedoch Arbeitshunde.

Allgemeine Merkmale

Die Spezialisierung dieser Gruppe liegt auf ihrem ästhetisch ansprechenden Erscheinungsbild. Ihre Fähigkeit besteht nicht ausschließlich darin, süß auszusehen, sondern sie spielen eine wichtige Rolle im Leben von alleinstehenden, älteren, kranken und ans Haus gebundenen Menschen. Ihre therapeutische Wirkung auf das Wohlbefinden dieser Menschen ist erwiesen und sie werden zunehmend in Krankenhäusern eingesetzt, um dort die Moral der Patienten zu stärken und den Genesungsprozess zu beschleunigen. Hinzu kommt ihre ausgeprägte Loyalität und ihr Familiensinn, der sie oft zu ausgezeichneten Wachhunden macht, die ihre Besitzer durch Bellen auf Fremde aufmerksam machen und sie bisweilen sogar attackieren.

Unterschiedliche Rassen

Die sogenannten „Turnspits“ (Spießdreher) wurden bis zur Mitte des 19. Jahrhunderts in den großen Haushalten in England und Amerika dazu verwendet, Bratspieße zu drehen und damit den Köchen die Arbeit abzunehmen. Man setzte die Hunde in ein kleines Laufrad, das mit dem Bratspieß verbunden war. Sobald der Hund losrannte, drehte sich der Fleischspieß. Damit ein einzelner Hund mit dieser Arbeit nicht überfordert wurde, wurden sie oft paarweise gehalten, um das Rad abwechselnd zu drehen. Manche Menschen behaupten, dass der heute ausgestorbene Turnpit ein Verwandter des Glen of Imaal-Terriers sei.

Im Mittelalter nahmen die Leute ihre Hunde oft als Fußwärmer mit in die Kirche. Als während eines Gottesdienstes in Bath Abbey in England die Hunde der Gemeinde mit Weihwasser gesegnet

Intelligenz	Rasse
Brillant	Papillon (8), Pudel (2)
Ausgezeichnet	Kromfohrländer
Überdurchschnittlich	Tibet Terrier
Durchschnittlich	Cavalier King Charles Spaniel (44), Bichon Frisé, English Toy Spaniel (45), Tibet Spaniel (46), Mops
Ausreichend	Malteser (59), Japanischer Chin (62), Chihuahua (67), Lhasa Apso (68)
Unterdurchschnittlich	Pekingese (73), Shi-Tzu (70)

wurden, wurden auch Verse aus dem Buch des Propheten Ezechiel vorgelesen, darunter eine Stelle, wo von „Rädern und Tieren, die diese in Gang halten" die Rede ist.

Kaum hatten die schlauen kleinen Hunde die Worte vernommen, da zogen sie auch schon ihre Schwänze ein und rannten aus der Kirche!

Intelligenz

Wie bei den anderen Gruppen, so gibt es auch bei den Gesellschaftshunden Unterschiede in der Intelligenz. Man sollte sich nicht täuschen und denken, dass diese Hunde aufgrund ihrer geringen Größe nur ein Spatzenhirn besitzen. Die Größe hat nichts mit der Intelligenz zu tun und es gibt Gesellschaftshunde, die bei Tests sehr gut abschneiden. Der Einstufung nach Prof. Coren zufolge gehört der Pudel zu den klügsten Hunden, der Pekingese landet allerdings weit abgeschlagen auf den unteren Plätzen.

Steigerung der Intelligenz

Die Intelligenz dieser kleinen Hunde, die weit mehr als Dekorationsgegenstände sind, kann durch Spiele und Tests, in denen Nachdenken und Geschicklichkeit erforderlich sind, gefördert werden (siehe Seiten 87, 115 und 130).

Apportier- und Stöberhunde

Diese beliebten Hunde findet man heute nicht mehr hauptsächlich als Jagdbegleiter, sondern vielmehr als Familienhunde. Ihr liebenswertes Wesen und ihre Loyalität machen Rassen wie Retriever und Spaniel zu den beliebtesten Familienhunden, vor allem wenn Kinder vorhanden sind.

Ursprung

Diese Hunde gibt es in einer Vielzahl von unterschiedlichen Rassen, die alle als Jagdgehilfen – hauptsächlich zum Aufstöbern und Apportieren von Wild – gezüchtet wurden. Sie nehmen auf der Jagd Gerüche wahr, die in der Luft liegen. Für diese Art der Arbeit braucht es einen aufmerksamen, konzentrierten und höchst folgsamen Hund.

Merkmale der unterschiedlichen Hundetypen

Die vielen verschiedenen Rassen dieser Gruppe lassen sich in drei Untergruppen einteilen:

Spaniels

Hierbei handelt es sich um mittelgroße, nicht sehr hochbeinige Hunde. Sie besitzen eine gut entwickelte Schnauze, eine feine Nase und lange Schlappohren – alles sinnvolle Eigenschaften für ein Tier, das in rauen Gegenden zur Arbeit eingesetzt wird. Einige von ihnen arbeiten als Jagd- und Apportierhunde, andere wiederum werden ausschließlich zum Apportieren eingesetzt. Sie bewegen sich meist vor dem Jäger, bleiben aber immer in der Nähe des Gewehrs.

Retriever

Retriever sind wahre Jagdexperten: starke, gut gebaute Hunde, die zum Aufstöbern bzw. Apportieren von Wild eingesetzt werden – oft nachdem letzteres von Spaniels aufgescheucht wurde.

Wasserhunde

Sie sind meist größer und hochbeiniger als Spaniels. Diese Hunde besitzen oft lockiges, Wasser abweisendes Fell. Sie sind hervorragende Schwimmer und apportieren mit Freude beinahe alles aus dem Wasser.

Unterschiedliche Rassen

Manche Hundefreunde reagieren leicht verwundert über das Wort *tolling* im Namen der kanadischen Jagdhundrasse Nova Scotia Duck-Tolling Retriever. Dieser Hund, der vom Aussehen her einem kleinen Golden Retriever ähnelt, lockt Wildenten in die Schussweite des Jägers (daher *toll* = locken), indem er mit letzterem „Stöckchen holen" spielt. Der Jäger wirft den Stock mehrmals hintereinander ins Wasser und der Hund bringt ihn zurück. Tolling Retriever können dieses Spiel stundenlang spielen!

Intelligenz	Rasse
Brillant	Golden Retriever (4), Labrador Retriever (7)
Ausgezeichnet	English Springer Spaniel (12), Flat Coated Retriever, English Cocker Spaniel (18), Cocker Spaniel (20), Irischer Wasserspaniel (24)
Überdurchschnittlich	Chesapeake Bay Retriever (27), Welsh Springer Spaniel (31), Field Spaniel (34), Clumber Spaniel (37)

Das Spiel weckt die Neugier der Enten, die daraufhin auf ihren Untergang zupaddeln. Sobald sie sich in Schussweite befinden, schießt der Jäger und der Hund apportiert das tote Wild.

Die sogenannten Toller stammen aus Neuschottland und wurden dort im 19. Jahrhundert aus den aus England importierten Red Decoy-Hunden gezüchtet. In ihren Adern fließt sowohl das Blut von Retrievern als auch von Spaniels. Die Rasse ist in Nordamerika sehr populär und es gibt viele Toller-Züchterclubs in den USA, da diese Hunde als intelligente, verspielte und geduldige Begleiter und Familienmitglieder geschätzt werden, die sich auch mit Kindern und anderen Tieren gut verstehen.

Intelligenz

Alle Angehörigen dieser Rassen gelten als sehr intelligent: Zwei davon erscheinen auf Prof. Corens Liste in der Gruppe „Brillant“ und acht in der Gruppe „Ausgezeichnet“. Keine Rasse wurde von ihrer Intelligenz her in die Gruppe „Ausreichend“ bzw. „Unterdurchschnittlich“ eingestuft.

Steigerung der Intelligenz

Bei diesen Hunden kann die Intelligenz erwartungsgemäß durch Spiele und Tests gefördert werden, die auf ihre natürlichen physischen Fähigkeiten zugeschnitten sind und bei denen es um Suchen und Aufspüren geht – sowohl mit Hilfe der Augen als auch des Geruchssinns (siehe Seiten 87, 120 und 130).

Mischlinge

Wenn man bei der Anschaffung eines Hundes auf keine bestimmte Rasse Wert legt, dann ist man mit einem aufgeweckten Mischlingshund, der verschiedene Eigenschaften in sich vereint, gut bedient. In Tierheimen und bei der Tiernothilfe findet man Kreuzungen in allen Größen, Farben und Mustern. Sie weisen zwar nicht die von Jurymitgliedern bei Hundeausstellungen so geschätzte Konformität auf, dafür besitzen sie aber umso mehr Charakter – was weitaus wichtiger ist als ein perfekter Körper.

Ursprung

Man kann natürlich behaupten, dass alle Rassehunde ihrem Ursprung nach Mischungen sind, die durch Verpaarung unterschiedlicher Hundetypen entstanden sind. Zu den jüngsten Beispielen zählen der Labradoodle, der Black Russian Terrier (ein Hund, der das Resultat aus 20 unterschiedlichen Hunderassen ist und der im 2. Weltkrieg von Wissenschaftlern der Roten Armee entwickelt wurde) und einige Wolfshunde. Alle unsere Haushunde gehören der Spezies *Canis familiaris* an. Die meisten Mischlinge sind eher das Ergebnis einer natürlichen statt künstlichen Auslese und spielen – gemäß dem Darwinschen Prinzip, dass nur der Stärkste überlebt – eine bedeutende Rolle für das Überleben der stärksten, gesündesten und zufriedensten Tiere, indem „gutes“ genetisches Material dominant weitervererbt wird. Diese sogenannte „Hybridstärke“ macht diese Tiere charakterfester und anpassungsfähiger als Rassehunde.

So vielfältig unsere Hunderassen heute auch sind, sie alle haben sich durch selektive Zucht durch den Menschen im Lauf der Jahrhunderte aus Mischlingshunden entwickelt. Genau wie unsere Stammbäume unzählige Nationalitäten aufweisen, gibt es auch bei Hunden kein wirklich reinrassiges Exemplar. Die neuen Kreuzungen, wie z. B. der Labradoodle, werden sicher auch einmal Rassestatus erreichen. Zum heutigen Zeitpunkt sind es jedoch noch Kreuzungen, Mischlinge oder – wie man sie in den USA nennt, wenn sie an sportlichen Wettbewerben teilnehmen – „All American Dogs“. Das ist nur gut für alle Beteiligten!

Allgemeine Merkmale

Mischlinge haben mindestens genau so viele wünschenswerte Qualitäten aufzuweisen wie die vornehmsten Rassehunde. Beim Mischlingshund treten sowohl die Verhaltens- als auch Körpermerkmale seiner reinrassigen Vorfahren zu Tage. Wenn man die an einem Mischling beteiligten Rassehunde kennt oder errät, dann sieht man, dass sein Charakter die Summe aller möglichen Kombinationen aus den Qualitätsmerkmalen seiner Vorfahren ist, von denen manche dominant, andere wiederum rezessiv weitergegeben wurden.

Mischlingstyp	Merkmale
Hütehund/Collie-Typ	Diese Hunde besitzen die wache Intelligenz und Loyalität ihrer reinrassigen Vorfahren und brauchen wie diese sehr viel Auslauf und Bewegung. Hervorragende Begleit- aber keine Schoßhunde.
Kreuzungen zwischen Gesellschaftshunden	Liebenswerte, treue und ausgezeichnete Wach-Hunde, die sich hervorragend als Begleiter bzw. Schoßhunde für ältere Menschen eignen und auch gut in der Stadt gehalten werden können.
Kreuzungen zwischen kleinen Terriern	„Vielzweck“-Hunde, die sich sowohl in der Stadt als auch auf dem Land wohlfühlen. Intelligent, lebhaft, treu und ausgezeichnete Wachhunde.
Kreuzungen zwischen Retrievern	Gute Familienhunde, die sich meist auch mit Kindern wundervoll verstehen. Sie benötigen viel und regelmäßig Auslauf, sodass sie sich besser für ein Leben auf dem Land als in der Stadt eignen.
Kreuzungen mit Deutschem Schäferhund	Diese beliebten Hunde sind treu und hochintelligent. Sie sind erstklassige Wachhunde, die sehr viel Auslauf benötigen, sodass sie für Stadtwohnungen oft ungeeignet sind.

So zeigen manche Labradoodles z. B. viel mehr Eigenschaften des Retrievers als des Pudels, bei anderen ist es wieder umgekehrt oder genau 50:50.

Wie würde der typische Mischling aussehen, wenn sich in ihm alle Hunde dieser Welt vereinen würden? Es wäre wohl ein ausgeglichener Hund, der keine Extreme hinsichtlich Körperform oder -funktion aufweisen würde. Sein Körper wäre wohlgeformt und gut gebaut mit einem moderaten, nicht überstreckten Rücken und einem muskulösen Hals mittlerer Länge. Der Kopf würde eine gute Knochenstruktur aufweisen mit einer gut ausgebildeten Nase, ausdrucksstarken Ohren und klaren Augen mit einem wachsamen, aufgeweckten Ausdruck. Das Fell wäre weder zu kurz noch zu lang, die Beine stark und gut proportioniert, der Schwanz mittelmäßig lang. Die Gesamtgröße könnte von klein über mittel bis hin zu groß variieren.

Haupttypen

Mischlinge sind weltweit am häufigsten vertreten und wenn man einen treuen Gefährten möchte, dann sollte man ihn am besten in einem Tierheim suchen.

Wolfshund-Hybriden

Ein Wolfshund ist kein Mischling (d. h. eine Kreuzung zwischen einer oder mehr Rassen einer bestimmten Spezies), sondern ein Hybrid (d. h. eine Kreuzung zwischen Tieren unterschiedlicher Spezies), der sich in jüngster Zeit zunehmender Beliebtheit erfreut. Allein in den USA leben schätzungsweise 300.000 davon. In einigen US-Staaten benötigt man eine Genehmigung für die Haltung von Hybriden, in anderen sind sie verboten und in zahlreichen Staaten gibt es gar keine Regelung. Die umstrittene Kreuzung zwischen Wolf (*Canis lupus*) und einer oder mehreren Haushundrassen (*Canis familiaris*) wird von vielen Hundeexperten als gefährlich eingestuft. In Deutschland benötigen Hybriden ab der 5. Generation keine Genehmigung mehr.

Da diese Kreuzung noch viel vom Raubtierinstinkt des Wolfes in sich trägt, war sie für einige Angriffe auf Kleinkinder verantwortlich, die in ihren Augen Beutetiere waren. Man sollte jedoch hervorheben, dass der für Wölfe typische Raubtierinstinkt nicht mit Aggressivität gleichzusetzen ist. Im Gegenteil: Viele Wolfshundbesitzer bestätigen, dass die Tiere freundlich und umgänglich sind. Sicher ist, dass wild lebende Wölfe in ihrer Gemeinschaft weniger Aggressivität zeigen als Haushunde und dass die schwierigsten und risikoreichsten Wolfshybriden diejenigen sind, die Gene von Hunden wie z. B. Rottweiler oder Dobermann in sich tragen. Es gibt jedoch auch andere unerwünschte Charaktereigenschaften der Wolfshunde, die definitiv von der „wölfischen" Seite stammen – z. B. das destruktive Verhalten und das Bedürfnis zu graben. Wolfshunde sind geschickte und entschlossene Ausreißer und für die meisten Menschen nicht empfehlenswert.

Intelligenz

Die sogenannte Hybridstärke (siehe Seite 78) ist dafür verantwortlich, dass Mischlingshunde mindestens genauso intelligent sind wie ihre reinrassigen Verwandten, wenn nicht sogar intelligenter. Der Grund dafür könnte sein, dass Mischlinge im Durchschnitt ein größeres Gehirn besitzen als Rassehunde – entweder als Ergebnis des genetischen Ausdrucks ihrer Hybridstärke oder weil sie ab dem Welpenalter mehr interessante Erfahrungen machen und so das Gehirn zu größerem Wachstum stimuliert wird (was bei bodenständigen Rassen eher der Fall ist als bei verhätschelten Ausstellungshunden).

Steigerung der Intelligenz

Da Mischlinge ja bekanntermaßen in allen Formen und Größen auftreten, sollte der Besitzer die Spiele und Aufgaben für seinen Hund nach den charakteristischen Eigenschaften der beteiligten Rassen aussuchen: z. B. Aufgaben lösen, wenn der Mischling das Blut von Hüte- oder Jagdhunden in sich trägt (siehe Seiten 94–95), Gehorsamsübungen, wenn es sich um eine Terrierkreuzung handelt (siehe Seiten 102–111), verbunden mit Konzentrationsübungen, wenn seine Vorfahren als Jagdhunde eingesetzt wurden. Für alle Mischlinge – wie übrigens auch für alle Rassehunde – gilt jedoch, dass sie dazu erzogen werden sollten, schnell und zuverlässig auf akustische bzw. visuelle Kommandos zu reagieren.

Wie **intelligent** ist mein Hund?

Diese Frage ist nicht leicht zu beantworten, denn dazu müssen Sie mit Ihrem Hund erst ausführliche, faszinierende und unterhaltsame Tests machen. Mit einem einzigen Test kann man noch nicht die Intelligenz eines Hundes beurteilen, auch weil bestimmte Aufgaben für gewisse Rassen besser geeignet sind. Zu einem Großteil spiegelt sich auch die Lebensweise eines Hundes in seiner Intelligenz – wie sie von uns Menschen wahrgenommen wird – wider. Auf der einen Seite haben wir z. B. den Border Collie, der bei jeder Witterung die verschiedensten Arbeiten ausführt, und auf der anderen Seite den Pekingesen, der eigentlich wenig zu tun hat, außer sich in angenehmem Ambiente verhätscheln zu lassen.

Genau wie beim Menschen gibt es auch bei Hunden gleichen Alters und Typs erhebliche Unterschiede bezüglich ihrer Intelligenz. Prof. Corens Rangliste über Hundeintelligenz (siehe Seite 18) sagt darüber nur einen kleinen – und umstrittenen – Teil aus. Es wäre nicht realistisch, einfach den Listenplatz Ihres geliebten Fido in der Tabelle nachzusehen und dann aller Welt zu verkünden, dass er auf der IQ-Leiter einige Plätze höher rangiert als der Hund Ihres Nachbarn. Jeder Hund ist ein Individuum mit eigener genetischer Geschichte und persönlichen Lebenserfahrungen. Bei der Lösung von Aufgaben kommt es nicht nur auf die mentalen Fähigkeiten eines Hundes an, sondern auch auf seine körperliche Verfassung und die rassetypischen Verhaltensmerkmale.

Intelligenztests mit Hunden

Intelligenztests für Kinder waren schon immer heftig umstritten. Auch bei IQ-Tests für Hunde kam es unter Wissenschaftlern zu heftigen Debatten darüber, inwieweit man mit möglichst großer Genauigkeit den IQ eines Hundes beurteilen bzw. mit anderen vergleichen könnte.

Fährtentest

In einem Experiment sollten Beagle und Bluthunde die Fährte eines Menschen in einem Waldgebiet verfolgen. Die „Beute" blieb jedoch nicht immer auf dem Weg, sondern stieg nach einer Weile auf einen umgefallenen Baumstamm und lief diesen einige Meter weit entlang. Die Beagle verloren die Spur an der Stelle, wo der Mensch auf den Stamm gestiegen war. Den Bluthunden erging es ähnlich, doch sie verloren die Fährte nur ein bis zwei Sekunden lang, hoben dann den Kopf und nahmen die Spur wieder auf. Dies beweist jedoch noch lange nicht, dass Bluthunde intelligenter sind als Beagle, sondern nur dass letztere kürzere Beine haben! Mit derartigen Tests lässt sich Intelligenz nicht messen.

Labyrinth-Test

Bei einem anderen Test, den Forscherteams mit Rassen wie Cocker Spaniel, Beagle, Basenji, Fox Terrier und Sheltie durchführten, ging es darum, den Weg aus einem Labyrinth herauszufinden. Zu Beginn schnitten Fox Terrier und Shelties ziemlich schlecht ab, die Beagle und Basenjis hingegen ausgezeichnet. Es wäre jedoch falsch, daraus zu schließen, dass die beiden letzteren klüger sind als die anderen. Der Grund für das gute Abschneiden war eher der, dass der Beagle für die Jagd auf kleine Wildtiere gezüchtet wurde, die er mit seinen flinken Bewegungen schnell aufspüren kann; der Basenji hingegen besitzt ein scharfes Sehvermögen, mit dem er sich visuelle Anhaltspunkte merken kann, die ihm den Weg zeigen. Im weiteren Verlauf der Tests stellte sich heraus, dass sich die Leistung von Terriern und Shelties verbesserte, während sie sich bei den Beagles verschlechterte! Der Grund ist wahrscheinlich darin zu suchen, dass Terrier und Shelties gut darin sind, sich wiederholende Verhaltensmuster zu erlernen, während die Beagle mit ihrem Forschergeist sehr flexibel reagieren und bei Wiederholungen schlecht abschneiden.

Tests für zu Hause

Es gibt eine Reihe einfacher Tests, die man mit jedem Familienhund leicht durchführen kann, um damit mit viel Spaß die Intelligenz des geliebten Vierbeiners zu ermitteln.

So **testen** Sie Ihren Vierbeiner

Wenn Sie den IQ Ihres Haustieres ermitteln möchten, so können Sie das mit Hilfe einiger leicht durchführbarer Tests tun, die ich zusammen mit einem Punktesystem entwickelt habe. Sie sollten die Tests nach einiger Zeit wiederholen, um zu sehen, ob Ihr Hund die gleiche Punktezahl wieder erzielt. Die Ergebnisse könnten nämlich um einiges besser ausfallen, vor allem wenn Sie meine Ratschläge bezüglich der Intelligenzsteigerung durch wiederholtes Training (siehe „So wird Ihr Hund klüger", Seiten 96–117) befolgen.

Die Tests

Auf den folgenden Seiten möchte ich Ihnen eine Reihe von Tests vorstellen, mit denen Sie die Intelligenz Ihres Hundes verbessern und seine Fähigkeiten und Geschwindigkeit bei der Lösung von Aufgaben, sowie sein Gedächtnis, seine Beobachtungsgabe und sein Verständnis prüfen können. Dabei werden bekannte Hör-Kommandos (siehe Seiten 102–113) mit neuen Formen nonverbaler Hinweise verknüpft.

Vorbedingungen

Sämtliche Tests funktionieren am besten, wenn zwischen Hund und Halter ein enges Verhältnis besteht, beide regelmäßig und oft miteinander agieren und vor allem, wenn der Hund einen guten Grundgehorsam besitzt. Der Hund sollte mindestens ein Jahr alt sein, seinen Besitzer mindestens sechs Monate kennen und mindestens zwei bis drei Monate in dem Haus gelebt haben, wo die Tests durchgeführt werden.

Bewertung

Für einige Tests wurde ein Punktesystem ausgearbeitet: Man sollte jedoch stets daran denken, dass manche Aufgaben – aufgrund der angezüchteten Körper- bzw. Verhaltensmerkmale – für bestimmte Rassen besser geeignet sind als für andere. Intelligenztests sind zur Steigerung und Weiterentwicklung der geistigen Fähigkeiten von unschätzbarem Wert. Fordern Sie Ihren Hund regelmäßig und führen Sie die Tests spielerisch durch – Sie werden sehen, dass sich die Punktezahl Ihres Tieres ganz allmählich erhöht!

Päckchen öffnen

Dieser Test lässt sich ganz einfach durchführen. Eigentlich sollte jede Rasse damit zurechtkommen, wobei es für kurznasige Hunde eventuell schwieriger ist als für solche mit langer Schnauze.

So gehts

Legen Sie ein Leckerli in die Mitte eines quadratischen Papiers. Falten Sie das Papier zweimal, sodass der Leckerbissen nicht mehr zu sehen ist. Legen Sie das Päckchen vor Ihren Hund.

Wie schneidet Ihr Hund dabei ab?

Brillante Problemlöser benutzen nur ihre Pfoten, um das Päckchen zu öffnen.
Mittelmäßige Problemlöser benutzen Maul und Pfoten.
Der Rest öffnet das Päckchen überhaupt nicht, sondern spielt nur damit.

Versteckspiel

Auch dieser Test prüft die Fähigkeit eines Hundes, eine Situation zu analysieren und dann entsprechend zu handeln – Kernpunkt jeglicher tierischen Intelligenz. Bei dieser Aufgabe sind es erwartungsgemäß die Hütehunde, die glänzende Leistung zeigen.

So gehts

Stellen Sie eine Kartonwand auf, die 1,5 m breit und höher als der Hund ist, wenn er auf den Hinterbeinen steht. Schneiden Sie in der Mitte einen 7,5 cm breiten, senkrecht verlaufenden Schlitz, der 10 cm unterhalb der Oberkante beginnt und 10 cm vor der Unterkante aufhört. Stützen Sie die Wand mit Schachteln o.Ä. ab, sodass sie einen festen Stand hat. Während Sie sich auf der einen Seite der Wand befinden und Ihr Hund auf der anderen, zeigen Sie ihm ein Leckerli.

Wie schneidet Ihr Hund dabei ab?

Brillante Problemlöser laufen in weniger als 30 Sekunden um die Wand herum, um das Leckerli für sich zu beanspruchen.
Etwas weniger brillante Problemlöser brauchen dazu bis zu einer Minute.
Nicht sehr clevere Problemlöser schieben ihren Kopf durch den Schlitz, bleiben darin stecken oder versuchen, sich hindurchzudrücken.

Variationsmöglichkeit

Sie befinden sich auf der anderen Seite einer Wand oder eines Zauns, sodass Ihr Hund Sie nur durch einen Schlitz oder eine Öffnung sehen kann. Die einzige Möglichkeit, zu Ihnen zu gelangen, ist, sich von Ihnen zu entfernen und um die Abgrenzung herum zu laufen.

Wie schneidet Ihr Hund dabei ab?

Brillante Problemlöser rennen sofort um die Abgrenzung herum, um zu Ihnen zu gelangen. Oder sie springen über die Wand bzw. versuchen, sie zu überspringen, scheitern und rennen dann um die Abgrenzung herum.
Nicht sehr clevere Problemlöser versuchen über die Abgrenzung zu springen, scheitern und bleiben dann an Ort und Stelle sitzen.
Überforderte (aber trotz allem liebenswerte) **Problemlöser** unternehmen gar nichts, sondern bleiben sitzen und winseln.

Schatzsuche im Freien

Bei diesen Tests werden die allgemeine Intelligenz sowie die Fähigkeiten des Fährtenverfolgens beurteilt. Im Allgemeinen schneiden Gesellschaftshunde bei diesem Test nicht so gut ab wie bei der Schatzsuche im Haus. Man macht den Test am besten, wenn keine anderen Hunde in der Nähe sind.

1 Verstecken Sie auf einem Spaziergang einige Leckerbissen hinter einem Grasbüschel oder Baum. Ihr Hund darf Ihnen dabei zusehen, er darf jedoch erst mit dem Suchen beginnen, wenn Sie ihm die Erlaubnis dazu erteilen. Man kann diese Aufgabe noch etwas erschweren, indem man die Leckerli auf einem Zaun oder niedrigen Ast platziert.

2 An Stelle von Leckerli können Sie auch das Lieblingsspielzeug Ihres Hundes verwenden. Geben Sie Ihrem Hund den Befehl „Sitz – Bleib" (siehe Seiten 103 und 106). Daraufhin entfernen Sie sich und lassen das Spielzeug an irgendeiner beliebigen Stelle auf einen Ihrer Fußabdrücke fallen. Gehen Sie zu Ihrem Hund zurück, wählen Sie jedoch eine andere Strecke. Dann schicken Sie ihn los auf die Suche. Er wird dem Geruch Ihrer Schuhe folgen und – hoffentlich – mit dem Spielzeug im Maul zu Ihnen zurückkehren.

Schatzsuche im Haus

Bei diesem Spiel wird eher das Gedächtnis als die Intelligenz getestet, obwohl „klügere" Hunde dabei meist besser abschneiden. Dieses einfach durchzuführende Spiel macht sowohl Mensch als auch Hund großen Spaß. Dieser Test eignet sich besonders gut für kleine und mittelgroße Hunde.

1 Machen Sie – in Begleitung Ihres vierbeinigen Freundes – einen Rundgang durchs Haus und verstecken Sie dabei vor seinen Augen einige Leckerbissen an verschiedenen Orten, wie z. B. hinter dem Sofa, unter dem Bett oder unter einem Kissen usw. Als Leckerbissen empfehlen sich Hundekekse. Beim Verstecken der Leckerlis sollten Sie erst den gesamten Raum durchqueren und nicht schnurstracks auf das von Ihnen gewählte Versteck zugehen. Damit verhindern Sie, dass der Hund die Belohnung findet, indem er einfach Ihren Fußspuren folgt.

2 Daraufhin gehen Sie mit Ihrem Hund in einen Raum, in dem Sie nichts versteckt haben. Nach einer halben Minute lassen Sie den Hund los, damit er sich auf die Suche machen kann. Folgen Sie ihm wortlos und beobachten Sie, wie viele Belohnungshappen er findet und wie schnell. Auf diese Weise kann man sein Kurzzeitgedächtnis testen. Wenn Sie sein Langzeitgedächtnis testen möchten, dann warten Sie zehn Minuten, bevor Sie den Hund auf die Suche schicken.

Verknüpfungen

Die folgenden drei Tests können ganz leicht durchgeführt werden, wenn Ihr Hund die Grundbefehle wie z. B. „Sitz“ (siehe Seite 103) beherrscht. Mit den Tests können Sie herausfinden, ob das Tier non-verbale Hinweise mit dem verknüpfen kann, was von ihm erwartet wird.

Methode 1

Klatschen Sie in die Hände und geben Sie dann das Kommando „Sitz“ – oder einen beliebigen anderen Befehl. Das wiederholen Sie zehn Mal. Nun klatschen sie in die Hände, ohne das Kommando „Sitz“ zu geben. Setzt sich Ihr Hund daraufhin, dann hat er gelernt, dass Händeklatschen das Gleiche bedeutet wie „Sitz“. Setzt sich der Hund nicht hin, dann wiederholen Sie den Ablauf weitere zehn Mal.

Methode 2

Halten Sie Ihre geballte Faust vor das Gesicht des Hundes. Öffnen und schließen Sie die Hand schnell hintereinander und geben Sie dann den Befehl „Sitz“. Wie viele Wiederholungen braucht es, bis Ihr Hund dem visuellen Signal ohne einen gesprochenen Befehl gehorcht?

Methode 3

Tauchen Sie ein Wattestäbchen in eine stark riechende Substanz, wie z. B. Zahnpasta oder Rosenwasser. Halten Sie es dem Hund vor die Nase und geben Sie einen gesprochenen Befehl. Wenn Ihr Hund nach mehreren Wiederholungen die gewünschte Reaktion zeigt, dann ersetzen Sie das Wattestäbchen durch ein neues, nicht riechendes. Zeigt der Hund die gleiche Reaktion wie vorher (weil er das Wattestäbchen als *visuelles* Signal versteht), dann loben Sie ihn nicht, sondern machen Sie eine halbe Minute Pause. Danach wiederholen Sie den Test.

Wie schneidet Ihr Hund dabei ab?

Für jede der drei Methoden:

Sehr schlaue Hunde erfassen die Verknüpfung nach 10 Wiederholungen.

Schlaue Hunde lernen es nach 10–50 Wiederholungen.

Begriffsstutzige Hunde haben es nach 50 Wiederholungen immer noch nicht drauf. Probieren Sie also etwas anderes – Ihre Hände werden von dem ewigen Klatschen sowieso schon wund sein!

Für Fortgeschrittene

Begreift Ihr Hund sehr schnell, was von ihm verlangt wird, dann können Sie dazu übergehen, unterschiedliche akustische, visuelle und olfaktorische Signale für ein bestimmtes Verhalten einzusetzen. Das Ergebnis könnte z. B. so aussehen, dass der Hund beim Geruch von Vanillearoma sich hinsetzt, während er sich bei Käsegeruch hinlegt!

Leckerbissen suchen

Dieser Test entspricht im Wesentlichen demjenigen, den ungarische Wissenschaftler entwickelt haben (siehe Seite 12). Mit ihm kann man das Gedächtnis prüfen und die Intelligenz messen. Man braucht dazu fünf oder sechs identische Behälter – z. B. Dosen oder undurchsichtige Vorratsbehältnisse – mit festsitzenden Schraubdeckeln.

1 Öffnen Sie vor den Augen des Hundes einen der Behälter und legen Sie eines seiner Lieblings-Leckerli hinein. Dann schließen Sie den Deckel fest. Nun „mischen" Sie die Behälter auf dem Boden, wobei Sie stets den mit einem Leckerli gefüllten im Auge behalten.

2 Der Hund muss nun – auf ein Signal von Ihnen – den richtigen Behälter ausfindig machen, und das aufs erste Mal. Zeigen Sie zu Beginn des Tests auf den richtigen Behälter, ohne ein Wort zu sagen. Wenn Ihr Hund alles richtig macht, dann öffnen Sie die Dose und belohnen ihn mit dem Leckerli und überschwänglichem Lob. Scheitert er beim ersten Mal, dann wiederholen Sie die gesamte Prozedur von Anfang an.

Wie schneidet Ihr Hund dabei ab?

Sehr schlaue Hunde beherrschen es nach weniger als vier Wiederholungen.
Schlaue Hunde brauchen 4–10 Wiederholungen.
Durchschnittlich begabte Hunde benötigen mehr als 10 Wiederholungen.

Für Fortgeschrittene

Wenn Ihr Hund mit der Zeit Ihr „Zeigesignal" beherrscht, dann können Sie ihm den richtigen Behälter auch z. B. durch Nicken oder ständiges Anstarren begreiflich machen.

Ricos Gedächtnistest

Halten Sie Ihren Hund für einen zweiten Rico (siehe Seite 60), der über einen Sprachschatz von mehreren Dutzend Wörtern verfügt? Jeder Hund besitzt eine hochentwickelte „Datenbank", in der die von Menschen gesprochenen Worte abgespeichert werden.

1 Nehmen Sie zwei verschiedene Gegenstände, z. B. Plastikspielzeuge. Werfen Sie eins davon mit den Worten „Hol das/den/die..." Bringt der Hund das Objekt zu Ihnen zurück, dann loben Sie ihn überschwänglich und belohnen ihn mit einem Leckerli. Wiederholen Sie den Vorgang immer wieder mit dem gleichen Gegenstand, bis der Hund schnell und zuverlässig reagiert.

2 Führen Sie nun den gleichen Test mit dem zweiten Objekt durch, bis der Hund auch dieses immer prompt apportiert.

3 Werfen Sie nun beide Spielzeuge gleichzeitig und fordern Sie den Hund auf, nur eins davon zu bringen. Loben Sie ihn, wenn es klappt.

Wie schneidet Ihr Hund dabei ab?

Sehr schlaue Hunde können bis zu 60 Wörter erlernen.
Schlaue Hunde lernen um die 30 Wörter.
Durchschnittlich begabte Hunde begnügen sich mit 15 Wörtern.

Veränderungen erkennen

Hierbei handelt es sich um sehr simple Tests zur Überprüfung der Beobachtungsgabe und des Gedächtnisses. Der erste Test gelingt nur, wenn der Hund stets zu einer bestimmten Zeit spazieren geführt wird und die Vorbereitungen, die dem Spaziergang vorangehen – wie z. B. Mantel anziehen bzw. Leine holen – immer gleich sind.

Methode 1
Beginnen Sie mit den üblichen Vorbereitungen zu einer Tageszeit, zu der Sie sonst nicht spazieren gehen. Gehen Sie aber nicht zur Tür und rufen Sie den Hund auch nicht.

Methode 2
Wenn sich Ihr Hund gerade nicht im Zimmer aufhält, stellen Sie einige der ihm vertrauten Möbelstücke um – stellen Sie z. B. einen weiteren Stuhl ins Zimmer oder legen Sie ein großes Kissen aufs Sofa, verändern Sie die Position eines Tisches usw.

Wie schneidet Ihr Hund dabei ab?

Methode 1
Sehr schlaue Hunde bringen Ihnen die Leine!
Schlaue Hunde rennen sofort freudig zur Tür oder zu Ihnen.

Methode 2
Schlaue Hunde werden beim Betreten des Zimmers sofort feststellen, dass sich etwas verändert hat und die neue Umgebung erkunden und erschnüffeln.

Zähltest

Mit Hilfe dieses Tests lässt sich die Grundintelligenz ermitteln. Sie brauchen dazu eine Reihe mehr oder weniger identischer Objekte, z. B. bunte Bälle, eine Abgrenzung und eine Stoppuhr. Im Idealfall sollte der Hund mit den Bällen vertraut sein, sonst lassen Sie ihn möglichst vor Beginn des Tests damit spielen.

1 Setzen Sie sich in ca. 2 m Entfernung von Ihrem Hund auf den Boden. Stellen Sie die Abgrenzungswand zwischen sich und dem Hund auf und stützen Sie sie mit einem Ziegelstein o. ä. ab. Zeigen Sie dem Hund einen Ball, den Sie *über* die Abgrenzung halten und legen Sie ihn danach auf Ihrer Seite auf den Boden. Zeigen Sie dem Hund nacheinander sieben Bälle. Heimlich, für den Hund unsichtbar, entfernen bzw. fügen Sie einen Ball bzw. mehrere Bälle hinzu oder lassen die Anzahl unverändert.

2 Nehmen Sie nun die Abgrenzung weg, sodass der Hund die Bälle sehen kann und schalten Sie im gleichen Moment die Stoppuhr ein. Beobachten Sie die Augen Ihres Hundes. Starrt er auf die Bälle? Wenn ja, dann stoppen Sie die Zeit des „Anstarrens“. Wiederholen Sie den Vorgang, indem Sie nach Ihrem Belieben die Anzahl der Bälle verändern oder beibehalten. Messen Sie jedesmal die Zeit, die der Hund mit dem „Anstarren“ der Bälle verbringt.

Wie schneidet Ihr Hund dabei ab?

Geben Sie Ihrem Hund einen Punkt, wenn sein Blick Ihnen sagt, dass er bemerkt hat, dass etwas fehlt und die doppelte Punktzahl, wenn mehr als vier Bälle im Spiel waren. Die Gesamtpunktzahl, die er nach 20 „Herausforderungen“ gesammelt hat, kann als grober Hinweis auf die Intelligenz des Hundes dienen.

Sehr schlaue Hunde erreichen über 14 Punkte.
Schlaue Hunde schaffen 10–14 Punkte.
Durchschnittlich begabte Hunde begnügen sich mit 5–10 Punkten.

Wenn Ihr Hund absolut kein Interesse zeigt bzw. Ihre kleinen Betrügereien nicht zu registrieren scheint, dann können Sie davon ausgehen, dass seine Talente nicht auf dem Gebiet der Mathematik zu suchen sind!

So testen Sie den **IQ Ihres Hundes**

Prof. Corens Buch „*The Intelligence of Dogs*“ (siehe Seite 18) enthält zahlreiche Tests, die er zur Ermittlung der Hundeintelligenz entwickelt hat. Einige davon werden – zusammen mit dem dazugehörigen Punktesystem – im Folgenden beschrieben. Führen Sie zuerst alle Tests durch, bevor Sie die erzielten Punkte addieren. Die Gesamtpunktzahl vermittelt einen groben Eindruck vom IQ Ihres Hundes.

Sprachverständnis

Der Hund sitzt ca. 2 m vor Ihnen. Sprechen Sie in normalem Tonfall – wie wenn Sie ihn rufen würden – das Wort „Kühlschrank“ (die Wahl des Begriffs ist beliebig). Natürlich denkt der Hund nicht, er sei ein Kühlschrank, doch er nimmt ganz einfach wahr, dass Sie mit ihm sprechen und dabei ein für ihn unbekanntes Wort benützen.

Punktesystem

- Zeigt der Hund irgendeine Reaktion, dann geben Sie 3 Punkte.
- Wenn der Hund nicht zu Ihnen kommt, dann sprechen Sie im gleichen Tonfall das Wort „Fernsehen“.
- Kommt der Hund zu Ihnen, dann geben Sie ihm 2 Punkte.
- Zeigt der Hund immer noch keine Reaktion, dann rufen Sie ihn bei seinem Namen.
- Wenn der Hund auf Sie zukommt oder zumindest die Absicht dazu zeigt, erhält er 5 Punkte.
- Bewegt sich der Hund immer noch nicht, dann rufen Sie ihn ein zweites Mal bei seinem Namen.
- Kommt der Hund auf Sie zu, erhält er 4 Punkte.
- Kommt der Hund immer noch nicht, dann geben Sie ihm 1 Punkt.

Der Dosentrick

Für diese Abwandlung des Futtersuchens benötigt man eine leere Dose ohne scharfe Kanten bzw. einen entsprechenden, nicht-transparenten Behälter, ein Lieblings-Leckerli und eine Stoppuhr.

1. Geben Sie Ihrem Hund das Kommando „Sitz-Bleib“ (siehe Seiten 103 und 106) oder – falls er den Befehl „Bleib“ nicht kennt – lassen Sie ihn von einer anderen Person am Halsband festhalten. Zeigen Sie Ihrem Hund den Leckerbissen und lassen Sie ihn daran schnüffeln.

2. Unter den aufmerksamen Blicken Ihres Hundes legen Sie das Futter in ca. 2 m Entfernung auf den Boden. Während der Hund immer noch zusieht, stülpen Sie die Dose darüber. Schalten Sie die Stoppuhr ein und fordern Sie den Hund mit Worten auf, das Leckerli zu suchen.

Punktesystem

- Wenn der Hund sich das Leckerli in weniger als 5 Sekunden holt, geben Sie ihm 5 Punkte.
- Braucht er dazu 5–15 Sekunden, dann erhält er 4 Punkte.
- Für 15–30 Sekunden bekommt er noch 3 Punkte.
- Benötigt er dafür 30–60 Sekunden, muss er sich mit 2 Punkten begnügen.
- Wenn der Hund um die Dose herum schnüffelt, sich den Leckerbissen jedoch nicht innerhalb von 60 Sekunden holt, dann erhält er dafür 1 Punkt.

Der Handtuch-Test

Für diesen „Futterapportier-Test" brauchen Sie ein Handtuch, ein größeres Leckerli, z. B. ein Hundebiskuit, und eine Stoppuhr.

1 Geben Sie Ihrem Hund das Kommando „Sitz-Bleib" (siehe Seiten 103 und 106) oder – falls er den Befehl „Bleib" nicht kennt – lassen Sie ihn von einer anderen Person am Halsband festhalten. Zeigen Sie ihm den Leckerbissen und lassen Sie ihn daran schnüffeln.

2 Legen Sie das Futter in ca. 2 m Entfernung zum Hund auf den Boden. Unter den aufmerksamen Blicken Ihres Hundes legen Sie nun das Futter unter das Handtuch.

3 Schalten Sie die Stoppuhr ein und fordern Sie Ihren Hund mit Worten auf, sich das Leckerli zu holen.

Punktesystem

- Holt sich der Hund das Futter in weniger als 15 Sekunden, dann geben Sie ihm dafür 5 Punkte.
- Braucht er dafür 15–30 Sekunden, erhält er 4 Punkte.
- Für 30–60 Sekunden gibt es noch 3 Punkte.
- Versucht der Hund, sich das Futter zu holen, gibt dann aber auf, erhält er dafür 2 Punkte.
- Wenn er es nicht einmal versucht, muss er sich mit 1 Punkt begnügen.

Magischer Houdini-Test

Bei diesem Test will man herausfinden, wie ein Hund mit einer plötzlich auftretenden Situation umgeht und sie durch körperliches Eingreifen in den „Normalzustand" zurückversetzt. Ihr Hund sollte nicht ängstlich sein.

1 In einer Phase, in der der Hund wach und aktiv ist, lassen Sie ihn ein Handtuch beschnüffeln, damit er sich an dessen Geruch und Aussehen gewöhnen kann.

2 Mit einer schnellen Bewegung werfen Sie danach das Handtuch über seinen Kopf, bis Kopf und Schultern völlig bedeckt sind. Stoppen Sie die Zeit und verhalten Sie sich ruhig.

Punktesystem

Stoppen Sie, wie lange Ihr Hund braucht, um sich vom Handtuch zu befreien und vergeben Sie die Punkte wie folgt:

- Weniger als 5 Sekunden gleich 5 Punkte.
- 5–15 Sekunden gleich 4 Punkte.
- 15–30 Sekunden gleich 3 Punkte.
- 30–60 Sekunden gleich 2 Punkte.
- Wenn er es nach einer Minute noch nicht geschafft hat, sich zu befreien, geben Sie ihm 1 Punkt und helfen Sie ihm.

Smiley-Test

Hierbei spielt ein Hauptmerkmal des Hundes eine wichtige Rolle, eines das im Zuge seiner Domestizierung überlebenswichtig war – die Fähigkeit, den Menschen zu verstehen, mit ihm zu interagieren und ihn zu „lesen".

1 Ihr Hund sollte in 2 m Entfernung vor Ihnen sitzen. Geben Sie ihm aber nicht den Befehl zum Hinsitzen und Bleiben. Wählen Sie einfach die richtige Zeit für diesen Test.

2 Blicken Sie den Hund intensiv an. Sobald Ihr Tier den Blick erwidert, zählen Sie in Gedanken bis Drei und lächeln ihn dann an.

Punktesystem

- Wenn der Hund schwanzwedelnd auf Sie zukommt, geben Sie ihm dafür 5 Punkte.
- Kommt er nur zögernd bzw. die halbe Strecke auf Sie zu und wedelt dabei nicht mit dem Schwanz, erhält er dafür 4 Punkte.
- Wenn er aufsteht, sich jedoch nicht auf Sie zubewegt, bekommt er noch 3 Punkte.
- Läuft er von Ihnen weg, gibt es dafür 2 Punkte.
- Wenn er Ihnen gar keine Aufmerksamkeit schenkt, muss er sich mit 1 Punkt begnügen.

Problemlösungstest

Hierbei wird die Fähigkeit des Hundes getestet, sein Denkvermögen mit einer angemessenen Handlungsweise zu verbinden, um ein bestimmtes Ziel zu erreichen. Man braucht dazu einen niedrigen Tisch, ein Lieblings-Leckerli und eine Stoppuhr.

1 Warten Sie, bis der Hund Sie beobachtet und sich auf Sie konzentriert. Zeigen Sie ihm den Leckerbissen und lassen Sie ihn daran schnüffeln.

2 Wenn Sie seine volle Aufmerksamkeit haben, legen Sie den Leckerbissen langsam unter den Tisch, sodass der Hund ihn mit den Pfoten noch erreichen kann.

3 Stoppen Sie die Zeit und fordern Sie ihn mit Worten auf, sich das Futter zu holen.

Punktesystem

- Setzt er seine Pfoten ein und holt sich das Futter in weniger als 60 Sekunden, dann geben Sie ihm dafür 5 Punkte.
- Braucht er dafür 1–3 Minuten, erhält er 4 Punkte.
- Setzt er nur seine Schnauze ein und hat sich das Futter nach 3 Minuten immer noch nicht geholt, dann erhält er dafür noch 3 Punkte.
- Wenn er nur schnüffelt und ein- oder zweimal versucht, mit der Schnauze an das Futter zu kommen, erhält er 2 Punkte.
- Hat er sich nach 3 Minuten das Futter noch nicht geholt, dann gibt es noch 1 Punkt.

Futter im Becher

Diese Variation weicht leicht von dem auf Seite 93 beschriebenen Futter-Apportiertest ab. Meiner Erfahrung nach schneiden hier Terrier und Hütehunde am besten ab.

1 Legen Sie ein Leckerli unter einen von zwei umgedrehten Bechern, während Ihr Hund von einer anderen Person festgehalten wird. Der Hund muss Ihnen dabei zusehen können.

2 Verlassen Sie dann mit dem Hund das Zimmer für 15 Minuten. Um die Möglichkeit auszuschließen, dass der Hund mit Hilfe seines Geruchssinns das Leckerli findet, legen Sie nachträglich noch ein weiteres unter den zweiten Becher.

3 Bringen Sie ihn ins Zimmer zurück und beobachten Sie, ob er geradewegs zu dem Becher läuft, unter dem Sie das erste Leckerli versteckt haben.

Punktesystem

- Geht der Hund sofort auf den richtigen Becher zu, stößt ihn um und holt sich das Futter, dann geben Sie ihm dafür 4 Punkte.
- Geht der Hund sofort auf den richtigen Becher zu, stößt ihn jedoch erst nach mehr als 15 Sekunden um, dann erhält er noch 3 Punkte.
- Geht der Hund auf den richtigen Becher zu, stößt ihn jedoch auch nach Ablauf einer Minute nicht um, dann bekommt er dafür 2 Punkte.
- Geht der Hund auf den falschen Becher zu und stößt diesen um oder beachtet keinen der beiden Becher, dann gibt es dafür 0 Punkte.

Wie schneidet Ihr Hund dabei ab?

Zählen Sie nun die in allen sieben Tests gesammelten Punkte zusammen.
Einstein-Hunde haben über 30 Punkte gesammelt!
Sehr schlaue Hunde bringen es auf 25–30 Punkte.
Nicht so schlaue bis durchschnittlich begabte Hunde schaffen 15–25 Punkte.
Hat Ihr Hund weniger als 15 Punkte gesammelt – was soll's! Seine Begabungen liegen einfach auf anderen Gebieten!

So wird Ihr Hund **schlauer**

Die Intelligenz eines Hundes setzt sich aus drei unterschiedlichen Komponenten zusammen: der adaptiven, der instinktiven und der Arbeits- oder Gehorsamsintelligenz. In allen Hunden – ob Rassehund oder Mischling, dümmlich oder klug – finden wir eine Mischung aus den dreien. Die instinktive Intelligenz ist genetisch bedingt und umfasst die angeborenen Fähigkeiten und Veranlagungen. Der Mensch kann nichts tun, um diese Art der Intelligenz zu ändern. Die adaptive bzw. Arbeitsintelligenz kann jedoch sehr wohl verbessert werden.

Bei allen leicht abzulenkenden Hunden, wie z. B. Terrier und Jagdhunde, ist es am wichtigsten, sich auf den Gehorsam zu konzentrieren – durch Übung, Belohnung und Förderung der schnellen Reaktion auf Befehle sowie der korrekten Ausführung der grundlegenden Kommandos, die die Basis der adaptiven und der Arbeitsintelligenz bilden: „Schau", „Sitz", „Platz", „Komm", „Bleib" und so weiter.

Die Grundprinzipien dafür lauten: so früh wie möglich mit der Erziehung beginnen, Verstand und Körper des Hundes aktiv halten und ihm ein Leben lang eine gute, ausgewogene Ernährung bieten. Stellen Sie Ihrem Hund, sowohl zu Hause als auch im Freien, immer wieder Aufgaben, die er lösen muss. Wechseln Sie immer wieder sein Spielzeug aus, spielen Sie viel mit ihm und variieren Sie die täglichen Spaziergänge mit ihm, indem Sie ihm neue Orte, Objekte und Menschen vorstellen. Was aber am wichtigsten ist: Üben Sie mit Ihrem Hund die Grundkommandos ein. Dann können Sie dazu übergehen, Tricks auszuprobieren, die den Gehorsam fördern und Spiele zu spielen, bei denen der Hund Aufgaben lösen muss.

Training zur Intelligenzsteigerung

Sowohl bei Menschen als auch Hunden ist die Intelligenz keine statische Größe, mit der man geboren wird und die ein Leben lang unverändert bleibt. Sie lässt sich verbessern. Die angeborene „natürliche" Intelligenz kann durch Erziehung erweitert werden. Wenn immer mehr Informationen empfangen und in den Gehirnzellen gespeichert werden, dann steigt die Intelligenz des Tieres. Für Hunde eignen sich am besten Trainingsmethoden zur Steigerung des IQ – bis aus dem Hund ein vierbeiniger Einstein wird.

Warum?

Das Trainieren der Grundkommandos kann für Mensch und Hund großen Spaß bedeuten. Abgesehen von der geistigen und körperlichen Ertüchtigung, stärkt sie die Beziehung zwischen Tier und Besitzer und schärft die Intelligenz des Hundes. Der letzte Satz trifft in manchen Fällen allerdings nicht zu: Ein nicht erzogener Hund kann von seiner genetischen Veranlagung her hochintelligent sein, hatte jedoch nie Gelegenheit, seine Talente unter Beweis zustellen. Durch das Trainingsprogramm kommt die in ihm schlummernde Intelligenz erstmals zum Vorschein. Wenn die Erziehung auf Spaß, Abwechslung und Belohnung basiert, dann ist der Hund motiviert und möchte gute Leistungen zeigen.

Bedeutung der Kommunikation

Oft denken Hundebesitzer, ihrem Hund mangle es an Intelligenz: Der Grund dafür ist, dass er seine Umwelt anders wahrnimmt und der Mensch nicht richtig mit ihm kommuniziert. Manche Tiere können mit einer mangelhaften Kommunikation seitens ihrer Besitzer besser umgehen als andere, doch sollten wir uns stets bemühen, diese Lücke zu schließen und die gute Beziehung zu festigen. Für unsere Kommunikation mit dem Hund haben wir zwei Möglichkeiten – Körpersprache und Worte. Wie bereits erwähnt (siehe Seiten 51–55), ist die Körpersprache ein wichtiger Bestandteil für das Begreifen der Umgebung. Hunde bemerken geringfügige Veränderungen und nehmen Nuancen in Haltung, Gestik und Ausdruck wahr. Beim Training mit Ihrem Hund sollten Sie daher darauf achten, dass Ihre Körperbewegungen stets gleich sind – genauso wie Sie auch stets dieselben Worte benutzen, wenn Sie dem Hund ein Kommando erteilen. Ihr Hund wird lernen, Ihre Bewegungen zu verstehen und Ihre Signale richtig „abzulesen". Bei alten Hunden, deren Gehör allmählich nachlässt, spielt die Körpersprache des Besitzers eine noch wichtigere Rolle bei der Kommunikation.

Wortschatz

Hunde können zwar nicht sprechen, sie können jedoch die Bedeutung unserer Worte erlernen und sich so einen recht umfassenden Wortschatz aneignen – auf die gleiche Art wie es Kinder tun. Spricht man regelmäßig mit einem Hund, dann erweitert sich sein Wortschatz und seine Intelligenz steigert sich. Sobald ein Hund die Bedeutung einiger Worte kennt, kann man dazu übergehen, sie zu einem Befehlssatz aneinander zu reihen. Kennt ein Hund z. B. die Bedeutung des Befehls **Bring** und des Wortes **Pantoffel** und weiß, welche Person mit **Opa** gemeint ist, dann kann man ihn leicht dazu auffordern **„Bring Opa** den **Pantoffel"**.

Bei der Erziehung Ihres Hundes müssen Sie bezüglich der Worte, die Sie verwenden, ebenso konsequent vorgehen wie bei Ihren Körperbewegungen. Verwenden Sie immer das gleiche Wort für einen bestimmten Befehl. Wenn Sie „Aus" meinen, dann verwirren Sie den Hund nicht, indem Sie einmal „Nein, lass das", ein anderes Mal „Pfui" benutzen.

Tonfall

Sprechen Sie beim Training bzw. immer wenn Sie mit Ihrem Hund kommunizieren, in einem fröhlichen, ruhigen Tonfall. Werden Sie niemals laut oder grob, sondern lassen Sie Tonhöhe, Tonfall und Lautstärke bei jedem Kommando stets konstant. Finden Sie heraus, welche Tonhöhe bzw. welcher Tonfall sich beim Training am besten für einen bestimmten Befehl eignet. Loben Sie Ihren Hund auch während Spielphasen überschwänglich, sodass er auch während des Trainings gern zu Ihnen kommt, um gelobt zu werden.

Verbinden Sie Ihre Körpersprache mit den Worten, die Sie verwenden: Wenn Sie z. B. die Bedeutung von „Sitz" demonstrieren möchten, dann setzen Sie sich entspannt neben ihn hin – und das

möglichst an unterschiedlichen Orten und bei verschiedenen Gelegenheiten. Sprechen Sie das Wort „Sitz" in freundlichem, warmem Tonfall und streicheln Sie den Hund dabei, dann wird er auch in Zukunft diesen Befehl stets mit Ihrer Berührung und freundlichen Stimme in Verbindung bringen. Ihr Hund wird verstehen lernen, dass ruhige Worte ein friedliches Umfeld bedeuten. Eine kreischende Stimme kann das Tier dazu bringen, genau das Gegenteil von dem zu tun, was Sie von ihm verlangen; eine aufgeregte Stimme lässt den Hund nervös werden und bringt ihn aus der Fassung. Schreien Sie niemals! Aufgrund ihres feinen Gehörs hören Hunde intensiver zu, wenn man leise mit ihnen spricht. Zudem wirken Sie so auf Ihren Hund viel souveräner.

Trainings**grundlagen**

Einen Hund kann man entweder schlecht oder gut erziehen. Es braucht Zeit und viel Geduld, doch es lohnt sich sowohl für den Besitzer als auch den Hund. Ob Sie im Verein, in einer Hundeschule oder mit Privattrainer üben möchten, bleibt Ihnen überlassen. Sie können sich viel Wissen auch selbst aneignen: Die von mir beschriebenen Trainingsmethoden sind interessant und leicht durchzuführen.

Bestärkung von richtigem Verhalten

„Positive Bestärkung" bedeutet, den Hund für die korrekte Ausführung eines Befehls zu belohnen – sei es in Form eines Leckerlis, einer Streicheleinheit, einem gemeinsamen Spiel oder eines verbalen Lobs. „Negative Bestärkung" heißt, den Hund mit etwas zu bestrafen, was er nicht mag und die Bestrafung wegzulassen, wenn er einen Befehl korrekt ausführt. Eine dritte Form der Bestärkung ist die sogenannte „sekundäre Bestärkung", die heute oft beim Hundetraining eingesetzt wird. Sie ist sehr nützlich, wenn man korrektes Verhalten nicht sofort belohnen kann. Die am weitesten verbreitete Art der sekundären Bestärkung ist die mittels eines Clickers, den der Hundebesitzer in der Hand hält. Der „Klick" teilt dem Hund mit, dass er sich korrekt verhalten hat und dass er noch eine Belohnung zu erwarten hat.

Korrektur

Korrekturmaßnahmen sollten nur mit größter Umsicht beim Hundetraining verwendet werden. Gewalt ist nie ein angemessenes Mittel zur Erziehung. Schlägt man einen Hund, dann lernt er daraus, außer Reichweite seines Menschen zu bleiben: Erziehung basiert jedoch auf einer engen Beziehung zwischen Mensch und Hund. Es mag Fälle geben, in denen man einen Hund korrigieren muss, um ihn von etwas abzuhalten bzw. um seine Aufmerksamkeit zu erlangen. Denken Sie gut darüber nach, weshalb Sie eine Korrekturmaßnahme einsetzen wollen und ob der Hund auch begreift, wofür er bestraft wird. Es hat keinen Sinn, den Hund für etwas zu schelten, was er einige Zeit vorher getan hat: Die Korrektur muss zügig erfolgen, ansonsten ist sie kontraproduktiv.

Niemals darf jedoch eine körperliche Bestrafung des Hundes erfolgen. Schlagen, treten, die Lefzen fest gegen die Zähne drücken – all diese Maßnahmen sind tabu! Eine akzeptable Korrekturmaßnahme besteht darin, den Hund in seinem Tun zu stoppen – sei es durch eine scheppernde Dose, einen Spritzer Wasser oder ganz einfach durch ein scharfes „Nein!". Häufig genügt auch schon ein langgezogenes „Naaaa!".

Auch ein richtig angewandter Schnauzgriff kann Wunder wirken, wenn der Hund etwas herausgeben soll, was er unbedingt behalten möchte.

Sobald der Hund das unerwünschte Verhalten stoppt, sollte man damit fortfahren, ein gutes Verhalten zu provozieren, das – bei korrekter Ausführung – belohnt wird. Belohnung bzw. Bestrafung sollten immer von verbalen Signalen wie z. B. „Guter Hund" bzw. „Böser Hund" begleitet werden. Später werden dann schon diese Worte als Bestrafung bzw. Belohnung ausreichen. Zeigen Sie nie Ihre Ungeduld, wenn Sie einen jungen Hund erziehen: Ihre Stimmung könnte sich auf den Hund übertragen und er wird unsicher.

Einüben der **Grundkommandos**

Die meisten Hundehalter haben nicht vor, ihre Hunde bei Wettbewerben antreten oder auf Partys Tricks vorführen zu lassen. Das Einüben der Grundkommandos ist jedoch sehr wichtig für einen guten und sicheren Umgang mit dem Hund.

Was wird geübt?

Die Befehle, die Ihr Hund beherrschen sollte, sind:

- Anhalten und hinsitzen (siehe Seite 103)
- Auf Zuruf kommen (siehe Seite 105)
- Platz machen (siehe Seite 104)
- Bleiben (siehe Seite 106)
- Bei Fuß gehen (siehe Seite 111)
- Warten (siehe Seite 138)

Wie wird geübt?

Es ist nicht schwierig, dem Hund beizubringen, diese Befehle auf Ihr Kommando hin auszuführen. Was Sie brauchen, sind Geduld und die Zeit, jeden Tag mit Ihrem Vierbeiner zu üben. Ob junger oder älterer Hund – der Besuch einer guten Hundeschule ist in jedem Fall empfehlenswert. Bei Welpen muss mit der Erziehung spielerisch von Anfang an begonnen werden. Die Trainingseinheiten sollten bei Welpen nicht länger als 5 Minuten, bei erwachsenen Hunden nicht mehr als 10 bis 20 Minuten dauern. Achten Sie darauf, dass während des Trainings keine Langeweile aufkommt und legen Sie immer mal wieder eine Pause ein.

An der Erziehung des Hundes sollte nur ein Familienmitglied beteiligt sein. Die anderen Personen sollten nicht in die Trainingsstunden eingreifen, um das Tier nicht zu verwirren. Sie können jedoch jederzeit mit dem Hund spielen und später auch – wenn der Hund die Kommandos beherrscht – diese erlernen und verwenden.

Beim Training sollten Sie die gesprochenen Befehle stets mit einem visuellen Signal verknüpfen – eine Geste mit dem Finger, der Hand oder dem Arm, eine Kopfbewegung oder Ähnliches – und dieses dann konsequent weiter verwenden. Später können Sie dann auf gesprochene Kommandos völlig verzichten und allein durch die visuellen Signale eine bestimmte Reaktion bei Ihrem Hund hervorrufen. Anfangs sollten Sie beim Training Halsband und Leine verwenden, bis Sie das Tier verbal unter Kontrolle haben.

„Links- oder Rechtspföter"?

Wissenschaftler an der Universität von Sydney, Australien, haben herausgefunden, dass 15 % aller Hunde rechtspfötig und 15 % linkspfötig sind. Die restlichen 70 % zeigen keine besondere Vorliebe, sind nicht so intelligent wie Rechts- oder Linkspföter, schwieriger zu erziehen und anfälliger für Lärmphobien. Andere Experten spekulieren, dass die Vorliebe für eine bestimmte Pfotenseite vom Hundebesitzer beeinflusst worden sein könnte, sodass z. B. linkspfötige Hunde durch Kommandos konditioniert wurden, die ihr jeweiliger Besitzer mit der rechten Hand gab. Sie vermuten außerdem, dass Hunde ohne eine bestimmte Vorliebe für eine Pfotenseite während ihres Heranwachsens eventuell nicht ausreichend mit Menschen kommuniziert hätten.

Vorliebe für eine Pfotenseite

Wie bei uns, so gibt es auch bei Hunden Rechts- oder Linkshänder, d. h. für sie ist es einfacher, einen Befehl auf einer bestimmten Seite auszuführen. Versuchen Sie durch Beobachtung einmal herauszufinden, ob Ihr Hund Rechts- oder Linkspföter ist. Ihr Hund wird leichter lernen, wenn Sie seine bevorzugte Seite fördern. Später können Sie dann auch die „schwächere" Pfotenseite trainieren, damit der Hund ausgeglichener wird.

Belohnung durch Futter

Es ist ratsam, die Belohnungshappen beim Training möglichst klein zu halten. Es genügen erbsengroße Happen, die Sie dem Hund zusammen mit Ihrem verbalen Lob reichen. Als Belohnung eignen sich am besten Stückchen von Wurst, Lammleber oder mildem Hartkäse. Es ist äußerst wichtig, dass die Belohnungshappen sofort nach Ausführung eines Befehls gereicht werden. Keinesfalls sollten Sie Schokolade verwenden: Sie enthält Theobromin, das auf Hunde toxisch wirkt und in hohen Dosierungen sogar den Tod zur Folge haben kann.

Schau!

Dieses Kommando ist wichtig, um die Aufmerksamkeit Ihres Hundes zu erlangen bzw. aufrechtzuerhalten, um ihm überhaupt Dinge beibringen zu können. Es ist eine gute Übung zu Anfang jeder Trainingseinheit.

1 Nehmen Sie einen Leckerbissen und halten Sie ihn vor Ihr Gesicht, um die Aufmerksamkeit des Hundes zu erwecken. Dabei sagen Sie seinen Namen, bis er Sie anschaut. Achten sie darauf, dass er auch merkt, dass es sich um eine Belohnung handelt – gegebenenfalls halten Sie ihm das Futter einige Sekunden lang vor seine Nase und nehmen es dann wieder weg.

2 Halten Sie das Leckerli kurz in die Höhe, während der Hund Sie nach wie vor anschaut. Es kann sein, dass sich der Hund vor Sie hinsetzt, es ist aber auch nicht schlimm, wenn er es nicht tut. Das Wichtigste ist, seine Aufmerksamkeit zu bekommen. Wenn er sich wenigstens kurz voll auf Sie konzentriert, dann belohnen Sie ihn sofort – bevor er unaufmerksam wird – mit dem Leckerli und streicheln Sie ihn zum Zeichen, dass er alles richtig gemacht hat.

3 Wiederholen Sie die Schritte 1 und 2, aber verlängern Sie die Zeit, in der sich Ihr Hund auf Sie konzentrieren soll. Wenn er es bravourös meistert, dann erhält er wieder die Belohnung. Wendet er seinen Blick jedoch ab oder zeigt er Desinteresse, dann verstecken Sie das Leckerli, bis der Hund Sie wieder anblickt (er fragt sich zweifellos, wohin das Leckerli so plötzlich verschwunden ist). Dann erhält er seine Belohnung.

Sitz!

Sobald Ihr Hund das Kommando „Sitz!“ beherrscht, lassen Sie ihn jedesmal hinsitzen, bevor er von Ihnen etwas bekommt, was er sich wünscht – sei es ein Spielzeug oder ein Spaziergang. „Sitz!“ wird auch bei verschiedenen anderen Trainingsabläufen verwendet. Hunde mit Hüftgelenksproblemen, wie z. B. Dysplasie oder Arthrose, sollte man beim Training nicht über längere Zeit in Sitzposition verharren lassen.

1 Halten Sie ein kleines Leckerli vor die Nase Ihres Hundes.

2 Bewegen Sie es langsam und gleichmäßig nach oben bzw. über seinen Kopf hinweg. Fast immer folgt die Hundeschnauze der verlockenden Belohnung nach oben, während sich das Hinterteil nach unten zum Boden hin bewegt, bis der Hund sitzt.

3 Sobald der Hund mit seinem Hinterteil den Boden berührt, sprechen Sie das Kommando „Sitz!“ und geben ihm den Leckerbissen. Halten Sie die Belohnung nie zu hoch über seinem Kopf, sonst springt der Hund eher an Ihnen hoch als dass er sich hinsetzt. Wenn Sie diesen Befehl mehrere Male eingeübt haben, werden Sie feststellen, dass sich der Hund auch ohne Belohnung, nur bei der Aufwärtsbewegung Ihrer Hand, ins „Sitz“ begibt.

Platz!

Genau wie beim Kommando „Sitz!" (siehe Seite 103) werden Sie auch diese Übung nicht oft wiederholen müssen, bis sich Ihr Hund nur auf eine Handbewegung hin in Liegeposition begibt.

1 Beginnen Sie in der Sitzposition und zwar möglichst auf einem glatten, aber nicht rutschigen Untergrund. Zeigen Sie Ihrem Hund das Leckerli.

2 Bewegen Sie Ihre Hand mit dem Leckerli von seiner Nasenspitze aus bis auf den Boden unmittelbar vor seinen Pfoten. Wenn die Entfernung aber zu groß ist, steht er womöglich auf und kommt auf Sie zu.

3 Sobald sich der Vorderkörper nach unten zum Boden neigt, geben Sie den Befehl „Platz!" und belohnen ihn mit dem Leckerbissen.

Komm!

Dieses Kommando übt man am besten mit Hilfe einer langen Leine – einer Schleppleine – ein oder indem man eine herkömmliche Leine durch 10–15 m Nylonschnur verlängert. Schimpfen Sie nicht, wenn Ihr Hund nicht kommt, sondern loben Sie ihn stattdessen über alle Maßen, wenn er es tut. Sie können zu Beginn auch in die Hocke gehen, wenn Sie Ihren Hund rufen – das weckt seine Neugier.

1 Geben Sie Ihrem Hund den Befehl **Sitz** (siehe Seite 103). Sobald er ihn ausgeführt hat, drehen Sie sich um und entfernen sich.

2 Wenn Sie einige Meter weit gegangen sind, drehen Sie sich zu Ihrem Hund um, rufen ihn beim Namen und geben in freudigem Tonfall das Kommando **Komm**. Reagiert er nicht gleich, dann geben Sie der Leine einen kleinen Impuls und achten darauf, dass sie gespannt ist.

3 Fahren Sie fort, den Hund zu rufen bzw. zu loben, während er auf Sie zugeht. Belohnen Sie ihn reichlich für die korrekte Ausführung des Befehls.

4 Sobald Ihr Hund soweit ist, können Sie die Leine weglassen. Wenn er sich jedoch fortwährend weigert, zu Ihnen zu kommen bzw. einfach außerhalb Ihrer Reichweite sitzen bleibt, dann sollten Sie das Leinentraining wieder aufnehmen.

Bleib!

Beherrscht Ihr Hund das Kommando „Sitz“, dann können Sie mit ihm den Befehl „Bleib“ einüben. Außerdem sollten Sie auf ähnliche Weise die Kombination „Platz-Bleib“ trainieren. Schließlich können Sie diese Art des Gehorsamstrainings in ein Spiel umwandeln, indem Sie die Befehle in unterschiedlichen Positionen und Orten geben, um das grundlegende Verständnis dieser Begriffe zu stärken. Sagen Sie z. B. „Sitz“ bzw. „Platz“ mit dem Rücken zum Hund, mit geschlossenen Augen, im Liegen oder beim Kochen einer Mahlzeit. Für die korrekte Ausführung eines Kommandos sollten Sie Ihren Hund stets überschwänglich loben. Viele Hunde haben offensichtlich Freude daran, es Ihren Besitzern Recht zu machen und zu zeigen, dass sie sie verstehen.

1 Während Ihr Hund an der Leine bei Fuß läuft (siehe Seite 111), halten Sie an und lassen ihn „Sitz“ machen (siehe Seite 103). Drehen Sie sich mit dem Gesicht zu ihm.

2 Erteilen Sie den Befehl **Bleib**, während Sie eine Hand mit der Handfläche nach vorn erheben (für den Hund verringert sich dadurch, psychologisch gesehen, die Entfernung zu Ihnen). Gehen Sie mit erhobener Hand einen Schritt von ihm weg. Macht der Hund Anstalten, Ihnen zu folgen, dann brechen Sie die Übung an dieser Stelle ab und gehen wieder auf ihn zu. Bleibt er jedoch sitzen, dann belohnen Sie ihn und fahren fort mit Schritt 3.

3 Gehen Sie nun mit erhobener Hand zwei Schritte von ihm weg, während Sie den Befehl „Bleib“ aussprechen.

4 Klappt das sicher, können Sie es jetzt ohne Leine mit dem Kommando **Sitz-Bleib** versuchen und vergrößern Sie dabei allmählich die Entfernung zu Ihrem Hund. Ganz Fortgeschrittene können dem Hund den Rücken zuwenden oder sich verstecken. Beim Zurückkommen belohnen Sie Ihren Hund ausgiebig für seinen Gehorsam und gehen mit ihm weiter.

Nehmen und geben

Die Kombination aus den Kommandos „Nimm“ und „Gib“ und „Halten“ und „Aus“ (siehe Seite 109) ist Teil des auf Seite 114 beschriebenen Apportierens. Alle Hunde sollten zuerst diese Kommandos erlernen, bevor mit dem Apportiertraining begonnen wird. Sie werden sehr viel Geduld brauchen – die Erziehung kann nur einige Tage, aber auch mehrere Wochen in Anspruch nehmen. Sie können für das Training sowohl ein Spielzeug als auch einen Ball verwenden – oder ein Apportel, das von der Größe her genau zwischen die Kiefer Ihres Hundes passt.

1 Lassen Sie Ihren Hund neben Ihrem linken Bein absitzen (siehe Seite 103). Öffnen Sie nun vorsichtig sein Maul, indem Sie die linke Handfläche unter sein Kinn legen und den Daumen hinter seinen Fangzähnen hindurch schieben.

2 Wenn Sie das Maul Ihres Hundes vorsichtig geöffnet haben, dann legen Sie den Gegenstand mit der rechten Hand hinein und erteilen dabei den Befehl **Nimm**. Danach schließen Sie das Maul sanft mit Ihrer rechten Hand.

3 Loben Sie den Hund überschwänglich, geben Sie das Kommando **Gib** und nehmen Sie ihm den Gegenstand sofort aus dem Maul. Belohnen Sie ihn verbal, mit einem Leckerli oder einem Spiel. Wiederholen Sie die Abfolge täglich einige Male.

Halten und fallen lassen

Diese Übung beginnt auf die gleiche Weise wie bei „Nimm" und „Gib" (siehe Seite 108). Vergessen Sie nicht, den Hund zu loben, sowohl für das Halten als auch Fallenlassen des Gegenstandes.

1 Lassen Sie Ihren Hund neben Ihrem linken Bein absitzen (siehe Seite 103). Öffnen Sie nun vorsichtig sein Maul, indem Sie die linke Handfläche unter sein Kinn legen und den Daumen hinter seinen Fangzähnen hindurch schieben.

2 Wenn Sie das Maul Ihres Hundes geöffnet haben, dann legen Sie den entsprechenden Gegenstand mit der rechten Hand hinein und erteilen dabei den Befehl **Nimm**. Danach schließen Sie das Maul sanft mit Ihrer rechten Hand, halten es vorsichtig geschlossen und erteilen den Befehl **Halten**.

3 Loben Sie Ihren Hund und lockern Sie den Griff bereits nach ein bis zwei Sekunden, während Sie das Kommando **Aus** erteilen. Sobald der Hund den Gegenstand fallen lässt, belohnen Sie ihn mit einem Leckerbissen. Wiederholen Sie den Vorgang höchstens zwei – bis dreimal.

Nehmen, halten und fallen lassen

Wenn diese anspruchsvolle Übung sicher klappt, haben Sie die beste Voraussetzung für die Apportierübung auf Seite 114 geschaffen.

1 Machen sie den verwendeten Gegenstand noch unwiderstehlicher, indem Sie ihn mit Kalbsleberwurst oder Streichkäse einschmieren. Halten Sie ihn vor die Schnauze des Hundes und sagen Sie **Nimm**. Mit größter Wahrscheinlichkeit wird Ihr Hund den Gegenstand ablecken, sodass Sie diesen ganz leicht in sein Maul schieben können.

2 Loben sie ihn und erteilen Sie das Kommando **Aus**. Sobald der Hund den Gegenstand fallen lässt, loben Sie ihn und belohnen ihn mit einem Leckerli.

3 Wiederholen Sie den Vorgang, wobei Sie gelegentlich auch das Kommando **Halten** geben, sobald Sie dem Hund den Gegenstand ins Maul geschoben haben. Üben Sie dies so lange, bis Ihr Hund den Gegenstand freiwillig aus Ihrer Hand nimmt, aber entfernen Sie sich jedesmal ein Stückchen weiter weg von ihm, bevor Sie den Befehl **Nimm** geben. Wenn der Hund den Befehl zuverlässig ausführt, d. h. wenn er aus einem Meter Entfernung kommt und etwas aufnimmt, dann halten Sie den Gegenstand immer dichter über dem Boden (aber nur, wenn er den Befehl „Nimm“ mit Erfolg ausgeführt hat). Schließlich lernt der Hund, den Gegenstand direkt vom Boden aufzunehmen.

Bei Fuß gehen

Für dieses Training empfehle ich eine 2 m lange Leine, von der nur 1 m wirklich genutzt wird und der Rest als Reserve dient. Leinen Sie Ihren Hund an, während Sie ihn mit ruhiger Stimme ansprechen. Halten Sie die Leine in der linken Hand. Die Leine sollte niemals vollkommen straff sein. Wenn Sie eine Wendung durchführen, dann stets nach rechts, d. h. weg vom Hund (bei einer Linksdrehung könnte er zwischen Ihre Beine geraten). Wendungen nach links sollten Sie erst dann einüben, wenn er sich an das Gehen an der Leine gewöhnt hat.

1 Nehmen Sie die Leine kurz und bringen Sie Ihren Hund in die gewünschte Ausgangsposition, d. h. seine rechte Schulter befindet sich neben Ihrem linken Bein.

2 Gehen Sie anfangs geradeaus und erteilen Sie ihm den Befehl „Fuß“. Sprechen Sie weiterhin freundlich mit Ihrem Hund, damit er spürt, dass alles in Ordnung ist.

3 Zieht der Hund an der Leine oder lässt er sich ziehen, dann halten Sie sofort an. Sie dürfen keinesfalls zulassen, dass der Hund Sie durch die Gegend zieht. Sobald er an der Leine zieht, drehen Sie sich um 180° und rufen ihn beim Namen: Setzen Sie ein Spielzeug oder Leckerli ein, um seine Aufmerksamkeit zu erlangen und ihn dazu zu bringen, zu Ihnen zurückzukommen. Der Hund sollte Ihnen daraufhin folgen: Loben Sie ihn, wenn er alles richtig gemacht hat.

4 Wenn er zu Ihnen zurückkommt, locken Sie ihn wieder in die Fußposition. Bleiben Sie in Bewegung, sodass er nicht versucht, sich hinzusetzen. Gegebenenfalls muntern Sie ihn mit Worten auf, weiterzugehen. Haben Sie viel Geduld mit Ihrem Hund und gehen Sie anfangs nur wenige Meter „Fuß“.

Was tun bei Leinenziehern?

Es ist sehr wichtig, dass der Hund von Anfang an lernt, an der Leine bei Fuß zu gehen und nicht zu ziehen. Eigentlich ist es so, dass Leinenzieher ihre Besitzer erziehen und nicht umgekehrt. Rassen mit kräftigem Körperbau wie Chow-Chows und Huskies kann es regelrecht Freude bereiten, sich beim Ziehen ins Zeug zu legen. Für solche Hunde – ebenso wie für alte Hunde – ist ein Geschirr mit beidseitig angebrachten Trainingsleinen empfehlenswert. Kurze Impulse an den beiden Leinen eines Hundegeschirrs helfen, den Hund unter Kontrolle zu halten. Sobald der Hund an der Leine zieht, sollte ein Impuls erfolgen und der Besitzer die Richtung ändern. Während des gesamten Trainingsprozesses sollte der Hundebesitzer stets die Taschen voller Leckerbissen haben und mit Lob nicht sparen, wenn sein Tier das Ziehen einstellt und ordentlich bei Fuß geht.

Erziehung von Junghunden

Besonders bei jungen Hunden kann es vorkommen, dass sie sich anfangs vor der Leine fürchten. Leinen Sie den Hund zu Hause am Geschirr an und lassen sie ihn die Leine hinter sich herziehen – dafür eignet sich am besten eine etwa einen Meter lange Leine ohne Schlaufen und Ösen, damit sich der Hund nicht verheddern kann. Auf Ihrem ersten Spaziergang sollten Sie darauf achten, dass Sie nicht zu fest an der Leine ziehen, wenn der Hund zurückbleibt: Dies könnte ihn noch mehr verängstigen. Gehen Sie stattdessen, so weit es die Länge der Leine erlaubt, vor Ihren Hund, gehen in die Hocke, rufen ihn zu sich und loben ihn ausgiebig. Der Tonfall Ihrer Stimme muss dabei freudig und Vertrauen erweckend klingen, Ihr Hund darf keine Spur von Ungeduld oder Gereiztheit darin entdecken. Falls er sich nicht bewegt, ändern Sie Ihre Laufrichtung, indem Sie sich hinter Ihren Hund begeben und die gesamte Prozedur in der Hocke wiederholen. Sobald der Hund eine Reaktion zeigt, belohnen Sie ihn sofort mit einem Leckerli. Bei täglichem Üben sollte ein Junghund innerhalb einer Woche gelernt haben, zuverlässig an der Leine zu gehen – ohne zu ziehen.

Training für **Fortgeschrittene**

Ein weiterführendes Training sowie die konsequente Wiederholung der bereits erlernten Kommandos werden letztendlich die Intelligenz steigern und sowohl Mensch als auch Hund Freude, Spaß und Bewegung bescheren.

Seitwärtsrolle

Mit einiger Übung kann es Ihr Hund soweit bringen, dass er die Rolle ohne „kulinarischen“ Anreiz, auf ein minimales visuelles Signal (z. B. eine Fingerbewegung) Ihrerseits und ganz ohne gesprochenes Kommando durchführt. Wenn er die Rolle perfekt gemacht hat, sollten Sie ihn mit einem Leckerli und streicheln belohnen. Die Riesenrassen sind für diese Übung zu groß und sollten nicht darauf trainiert werden.

1 Geben Sie Ihrem Hund das Kommando „Platz-Bleib“ (siehe Seiten 104 und 106). Halten Sie ihm ein Stückchen Futter direkt unter die Nase. Sobald er daran schnüffelt und Interesse bekundet, führen Sie Ihre Hand mit dem Futter darin im Seitwärtsbogen über seinen Rücken hinweg. Sein Kopf wird Ihrer Hand folgen.

2 Befindet sich das Futter über seinem Rücken, dann wird er seinen Körper zu einer Seite hin drehen. Sobald er das tut, geben Sie das Kommando „Rolle“! Bewegen Sie nun Ihre Hand mit dem Futter darin zu der Seite, auf der er gerade liegt.

3 Es kann passieren, dass Ihr Hund versucht, seinen Kopf aus der entgegengesetzten Richtung auf das Futter zuzubewegen. In dem Fall gehen Sie mit Ihrer Hand auf die andere Seite und schieben seinen Körper sanft in Richtung Futter. Wenn sich Ihr Hund erfolgreich zur Seite gerollt hat, erhält er von Ihnen den Futterhappen und ausgiebiges Lob.

4 Schon bald wird Ihr Hund dem Leckerbissen folgen und die Seitwärtsrolle vollständig beherrschen. Loben und streicheln Sie ihn, geben Sie ihm den Leckerbissen jedoch erst, wenn er wieder sitzt. Nun können Sie ein visuelles Signal – z. B. eine spiralförmig nach unten verlaufende Hand- bzw. Armbewegung – mit dem gesprochenen Kommando verbinden.

Apportieren

Wenn Ihr Hund von Natur aus nicht zu den Apportierhunden zählt, dann kann diese Übung unter Umständen ziemlich schwierig für ihn sein. Verwenden Sie dazu ein beliebiges Spielzeug – es sollte nur nicht zu groß sein, aber auch nicht zu klein. Nehmen Sie keine Äste, da sie das Hundemaul verletzen könnten.

Welpentraining

Am besten ist es natürlich, mit der Erziehung im Welpenalter zu beginnen: Viele Welpen lieben es, hinter Bällen und Stofftieren herzurennen und sie zurückzubringen. Immer wenn Ihr Welpe unaufgefordert einen Gegenstand zu Ihnen zurückbringt, sollten Sie ihn dafür mit viel Lob überhäufen. Zerren Sie das Objekt jedoch nicht aus seinem Maul, sondern warten Sie, bis er es vor Ihnen ablegt bzw. fallen lässt. Er wird schon bald gelernt haben, dass Sie den Gegenstand erst dann wieder werfen, wenn er ihn zuvor abgegeben hat.

Werfen Sie einen Gegenstand und geben dabei das Kommando „Bring". Wenn der Welpe zurückkommt, loben Sie ihn und sagen dann „Aus". Heben Sie den Gegenstand auf und loben Sie ihn immer weiter. Wenn er dieses Kommando einmal begriffen hat, dann kombinieren Sie den Befehl „Bring" mit der Bezeichnung für das Objekt, z. B. „Bring den Ball". Beziehen Sie zwei bis drei Gegenstände in das Spiel mit ein – beispielsweise einen Ball, ein Stofftier und einen Gummiknochen. Auf diese Weise lernt der Hund schon bald, zwischen den einzelnen Gegenständen zu unterscheiden.

Erziehung älterer Hunde

Ältere Hunde apportieren Dinge nicht immer so selbstverständlich wie es Welpen oft tun, sodass es am besten ist, zuerst die Kommandos „Nimm" und „Gib" (siehe Seite 108) bzw. „Halten" und „Aus" (siehe Seite 109) einzuüben. Sobald der Hund das Zielobjekt zuverlässig vom Boden aufhebt, können Sie es nach und nach immer weiter von ihm entfernt platzieren: erst 30 cm, dann 1 m und zuletzt 2 m. Wiederholen Sie die Übung nicht zu oft pro Trainingseinheit, sonst wird dem Hund langweilig.

Werfen Sie den Gegenstand und geben Sie dabei das Kommando „Bring". Loben sie Ihren Hund, wenn er das Objekt aufhebt. Bringt er es zu Ihnen zurück, dann geben Sie den Befehl „Gib" und belohnen ihn mit einem Leckerbissen. Macht der Hund Mätzchen oder rennt mit dem Objekt davon, dann erteilen Sie den Befehl „Komm", sobald er den Gegenstand vom Boden aufnimmt. Gehorcht er und kommt zu Ihnen, dann loben Sie ihn über alle Maßen und geben ihm ein Leckerli. Erhöhen Sie allmählich die Wurfdistanz – wenn Sie möchten – oder beginnen Sie mit der Einführung von „Sitz" und „Halten", wenn der Hund zu Ihnen zurückkommt.

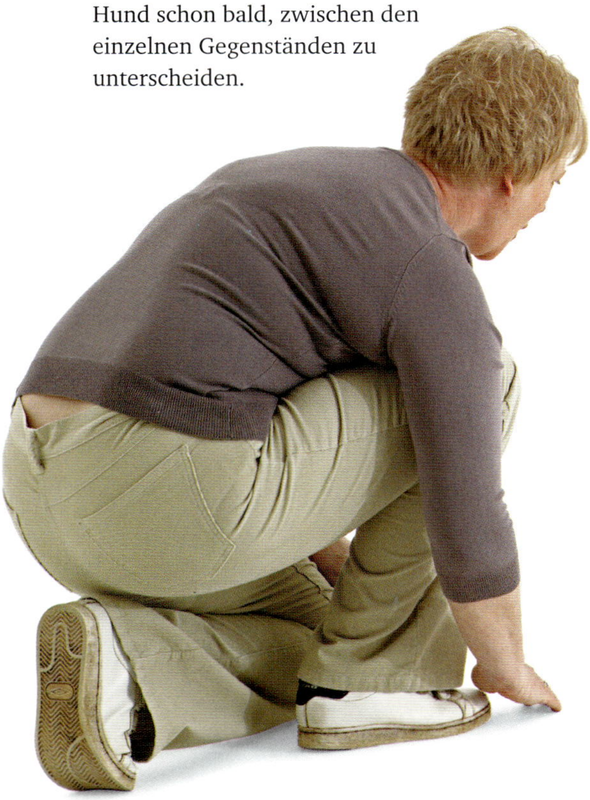

Objekte in der Luft fangen

Hütehunde wie Border Collie und Australian Shepherd sind meist wahre Akrobaten, wenn es darum geht, einen Gegenstand in der Luft aufzufangen. Hunde, denen es schwer fällt, einen Ball in der Luft zu fangen, stellen sich oft mit einer flachen Frisbee-Scheibe geschickter an. Wenn Sie einen Ball verwenden, dann achten Sie darauf, dass er groß genug ist, um vom Hund nicht verschluckt zu werden bzw. um nicht in seinem Hals stecken zu bleiben.

Geben Sie Ihrem Hund die Befehle „Sitz-Bleib“ (siehe Seiten 103 und 106). Werfen Sie ihm den Ball zu und sagen Sie gleichzeitig das Kommando „Bring“. Fängt er den Ball, dann loben Sie ihn über alle Maßen; wenn nicht, dann halten Sie den Ball über seinen Kopf und necken Sie ihn damit. Sobald Ihr Hund hochspringt, lassen Sie ihn den Ball ins Maul nehmen und loben ihn. Wiederholen Sie den Vorgang stets in kurzer Entfernung, bis er den Ball jedesmal sicher fängt. Allmählich können Sie die Entfernung zwischen Ihnen und Ihrem Hund vergrößern und den Ball nicht immer direkt auf den Hund zu, sondern auch in eine andere Richtung werfen. Jedesmal wenn er den Ball erfolgreich gefangen hat, können Sie Ihre Wurfhöhe und -distanz vergrößern.

Aufräumen

Sobald Ihr Hund gelernt hat, verschiedene Objekte zu Ihnen zu bringen, können Sie ihm beibringen, wie man sie danach ordentlich wegräumt. Verteilen Sie einige Spielzeuge und „persönliche Habseligkeiten“ Ihres Vierbeiners auf dem Boden. Geben Sie dem Hund den Befehl, die Dinge nacheinander zu Ihnen zu bringen, wobei er sie in Ihre Hand und nicht auf dem Boden ablegen soll. Geben Sie dazu das Kommando „Gib“. Legen Sie die Gegenstände in eine Schachtel oder Kiste und belohnen Sie den Hund für jedes überbrachte „Geschenk“ mit einem Leckerbissen. Sehr schlauen Hunden bringen Sie bei, den apportierten Gegenstand direkt in der Schachtel abzulegen.

Ernährung und Intelligenz

Fördert eine bestimmte Ernährung die Intelligenz? Es scheint tatsächlich so. Wenn Sie Ihren Hund gesund und ausgewogen und seinem Alter angepasst füttern, dann lässt sich die Intelligenz Ihres Hundes durchaus steigern.

Die Rolle der Omega-Fettsäuren

Es ist bekannt, dass die Ernährung einen Einfluss auf die Intelligenz von Babys und heranwachsenden Kindern hat. Der Gehalt an Fettsäuren, besonders der Omega 3-Fettsäuren wie sie in Fisch – vor allem in Lachs, Makrele und Hering – vorkommen, ist wichtig für Kinder, um einen optimalen IQ zu erreichen. Ähnliches gilt anscheinend auch für Hunde. Welche Rolle Omega-3-Fettsäuren genau in der Hundeernährung spielen, ist noch nicht vollständig bekannt, sie scheinen jedoch wichtig für die Gehirnfunktion zu sein. Ein Zuviel an Omega-3-Fettsäuren kann jedoch gesundheitliche Probleme verursachen. Ebenso wichtig bei der Hundeernährung sind die Omega-6-Fettsäuren, die in Sonnenblumen- und anderen pflanzlichen Ölen, Schweine- und Geflügelschmalz vorkommt (in geringfügigen Mengen auch in Rinderfett und Butter). Fertigfutter liefert meist ausreichend Omega-3- und Omega-6-Fettsäuren. Ein Mangel an Fettsäuren kann die Gesundheit beeinträchtigen und zu Hauterkrankungen, Haarausfall, Schwäche, Kreislaufstörungen und schlechter Wundheilung führen, sowie das Sehvermögen und die Lernfähigkeit verringern.

Ernährungsgrundlagen

Um eine Fehlernährung auszuschließen, sollte der Besitzer in jedem Hundealter auf eine ausgewogene Ernährung achten – vor allem bei trächtigen bzw. säugenden Hündinnen, damit sich das Gehirn der Welpen optimal entwickelt. Fertigvollnahrung ist ausgewogen zusammengestellt. Wenn Sie jedoch das Futter Ihres Vierbeiners selbst zusammenstellen möchten, dann sollten Sie stets auf verschiedene magere und fette Fleischsorten, Gemüse und Kohlehydrate achten. Nahrungsergänzungsstoffe, die Omega-Fettsäuren enthalten, sind im Handel erhältlich. Ausschließlich Hundekekse bzw. eine fleisch- und fettarme Ernährung wirkt sich hingegen nachteilig auf Ihren Hund aus – und zwar sowohl geistig als auch körperlich.

Futter-Spiele

Eine hervorragende Art und Weise, die Intelligenz Ihres Hundes zu fördern, besteht darin, ihn mit Futter-Spielen zu beschäftigen: Es kommt keine Langeweile auf, weil Verstand und Körper gleichermaßen gefordert sind. Die Methode besteht darin, den Futternapf gelegentlich durch einige sogenannte Snack- oder Action-Bälle zu ersetzen, die im ganzen Haus, unter dem Bett oder hinter dem Sofa, versteckt werden. Dadurch ermöglichen Sie dem Hund, seine Futterration nicht auf einmal hinunterzuschlingen, sondern über den ganzen Tag verteilt zu sich zu nehmen. Verhaltensforscher sind der Meinung, dass diese durch Futter motivierten Übungen dazu führen, dass die Vierbeiner gesünder, klüger und emotional zufriedener sind.

Muss der Hund einmal alleine bleiben, beschäftigt ihn der Futterball eine gewissen Zeit lang und er kommt nicht auf dumme Gedanken.

Futterspielzeuge

Es gibt Spielzeuge aus Hartplastik, Gummi und Holz, die in unterschiedlichen Designs erhältlich sind und in denen Futter versteckt werden kann – je nach Ausführung wird es dem Hund mal leichter, mal schwerer gemacht, an die begehrten Leckerbissen zu kommen. Man bekommt sie in Zoohandlungen oder übers Internet und Sie sollten am besten gleich zwei bis drei verschiedene Modelle erwerben, die Sie abwechselnd einsetzen können. Da gibt es z. B. den „Buster Cube“, einen großen, hohlen Würfel mit Öffnungen; oder den „Dog Tornado“ mit vier rotierenden Scheiben, von denen drei mit Abteilen für das Futter ausgestattet sind.

Manche Action-Spielzeuge können auf das Gewicht, die Erfahrung und die Persönlichkeit des einzelnen Hundes angepasst werden.

Was für wen?

Sehr schlanken Hunden oder solchen, die sich leicht entmutigen lassen bzw. „Anfänger“ sind, sollte man ein nicht zu schwieriges Futterspiel geben. Die komplizierteren Futterspiele eignen sich für übergewichtige bzw. sehr schlaue Hunde und solche, die die einfachen Varianten bereits gemeistert haben. Sie werden erstaunt sein, welche Tricks und Kniffe Ihr Hund anwenden wird, um an das begehrte Futter heranzukommen.

Leckerli aus dem Action-Ball

Es gibt Spielzeuge, die als Leckerli-Spender fungieren. Auch sie sind in unterschiedlichen Schwierigkeitsgraden erhältlich und fordern den Hundeverstand, wobei sie den Vierbeiner mit kleinen Leckerlis anstelle seiner üblichen Vollnahrung belohnen. Die sogenannten Kongs sind kleine Futter-Spielzeuge aus Gummi, die mit Leckerlis befüllt werden können. Für einsame Hunde gibt es die Kong-Spender, in denen sich vier Kongs befinden, die über den Tag verteilt nacheinander herausfallen.

Spielzeug mit Sound

Schließlich gibt es noch Spielzeuge, die nichts Essbares enthalten, sondern stattdessen nur Geräusche von sich geben. So gibt es beispielsweise einen Bienenstock mit Quietsche-Bienen oder einen Plüschknochen mit quiekenden Ringen, die der Vierbeiner entfernen kann. Lassen Sie Ihren Hund damit aber nicht allein, damit er das Spielzeug nicht zerstören und sich verletzen kann.

Spiele und Tricks für **Schlaumeier**

Regelmäßige geistige und körperliche Übung hält Körper und Gehirn des Hundes in optimaler Verfassung, stärkt die Beziehung zwischen Besitzer und Vierbeiner und ist eine Quelle ständiger Freude für beide. Die folgenden Übungen – auch die etwas schwierigeren – basieren auf den Trainingsgrundlagen, wie sie im vorherigen Kapitel beschrieben wurden und dienen dazu, Ihrem Vierbeiner alle möglichen nützlichen Kommandos beizubringen. Wir alle haben schon von Hunden gehört, die ihr Herrchen morgens wecken, Pantoffeln, Zeitungen und Autoschlüssel bringen oder die Tür öffnen. Ich kenne einen Tervueren, der seinem Herrchen prompt eine Schachtel mit Kleenex-Tüchern bringt, sobald dieser niest!

Manche der im Folgenden beschriebenen Tricks sind schwerer erlernbar als andere und nicht alle Hunde lernen alle Tricks. Die körperlich etwas anstrengenderen Spiele und Trainingseinheiten eignen sich beispielsweise nicht gerade für einen arthrotischen Dackel. Trotz allem kann jeder vernünftige Besitzer etwas tun, um die Gehirnzellen seines Lieblings in Schwung zu bringen – ungeachtet des Intelligenzgrades, der körperlichen Verfassung und der Lebensumstände seines Hundes.

Schatzsuche für Fortgeschrittene

Wie? Man versteckt Spielsachen oder andere Gegenstände, die der Hund dann suchen und apportieren soll.

Was? Trainiert den angeborenen Jagd- und Fährtentrieb des Hundes und kann sowohl im Haus als auch draußen durchgeführt werden.

Wer? Jagd- und Spürhunde finden das Lieblingsspielzeug meist sehr schnell, weil sie mit dessen Geruch vertraut sind. Etwas mehr Zeit benötigen Hunde, die sich bei der Jagd eher auf ihre Augen und weniger auf ihre Nase verlassen. Für sie und Hunde, die kein Lieblingsspielzeug besitzen, kann man ein Leckerli (das intensiv riecht) verstecken.

1 Nehmen Sie zu Beginn das Lieblingsspielzeug Ihres Hundes. Werfen Sie es anfangs nicht weit, sondern erhöhen Sie die Entfernung allmählich. Wiederholen Sie den Vorgang, bis der Hund das Objekt jedes Mal zuverlässig apportiert.

2 Verstecken Sie das Spielzeug vor den Augen Ihres Vierbeiners an einem Ort, an dem er es leicht finden kann. Geben Sie ihm zuvor den Befehl „Sitz-Bleib". Dann gehen Sie zu Ihrem Hund zurück und erteilen das Kommando „Such". Wenn er mit dem Objekt zu Ihnen zurückkommt, dann loben Sie ihn und geben ihm immer ein Leckerli.

3 Steigern Sie allmählich den Schwierigkeitsgrad, indem Sie das Objekt zuerst teilweise hinter einem Stuhl, Baum o. Ä. verstecken und später dann vollkommen außer Sichtweite.

4 In der Variante für Fortgeschrittene verstecken Sie den Gegenstand, wenn Ihr Hund Sie dabei nicht beobachten kann. Wenn er dann wieder zu Ihnen darf, geben Sie ihm das Kommando „Such".

Nasenwurf

Wie? Der Hund soll ein Leckerli auf seiner Nase balancieren, es in die Luft werfen und mit dem Maul auffangen.

Was? Der Trick fördert die Koordinationsfähigkeit des Hundes und schärft seinen Verstand. Diese Übung ist nicht leicht zu erlernen.

Wer? Der bei diesem Trick geschickteste Hund war meiner Erfahrung nach der Barsoi eines Freundes von mir, der die Kreditkarte seines Herrchens auf der Nase balancierte! Dieser Trick eignet sich natürlich nicht für sehr kurznasige Rassen.

1 Sie werfen dem vor Ihnen sitzenden Hund Leckerlis zu, die er auffangen soll. Hat er dabei Erfolg, dann loben Sie ihn ausgiebig. Fängt er eines nicht, dann versuchen Sie, ihm das Leckerli wegzunehmen, bevor er es sich einverleiben kann – sonst erhält er für seinen Misserfolg auch noch eine Belohnung. Sobald der Hund den Leckerbissen fast immer auffängt, führen Sie das Kommando „Fang" ein.

2 Geben Sie Ihrem Hund das Kommando „Sitz-Bleib" (siehe Seiten 103 und 106) und achten Sie darauf, dass er Sie anblickt und seine Schnauze waagerecht ist. Legen Sie nun das Objekt vorsichtig auf seine Nase. Es darf nicht zu nah an seinen Augen platziert sein und sich im Gleichgewicht befinden. Wiederholen Sie den Befehl „Bleib". Warten Sie einen Moment, entfernen Sie dann den Gegenstand und belohnen den Hund mit einem Leckerli. Wiederholen Sie dies mehrere Male.

3 Balancieren Sie das Objekt auf der Nase Ihres Hundes aus, während er Sie dabei anblickt. Dann tun Sie so, als ob Sie ihm etwas zuwerfen wollten, wobei Sie den Befehl „Fang" erteilen. Im Idealfall wird er seine Schnauze heben und der Gegenstand herunterfallen: Dann loben und belohnen Sie ihn dafür. Wiederholen Sie das Ganze, bis der Hund das herunterfallende Objekt fängt – es kann sehr lange dauern, bis Ihr Vierbeiner begreift, was von ihm verlangt wird.

Männchen machen

Wie? Der Hund sitzt aufrecht auf dem Boden und macht mit beiden Pfoten „Männchen".

Was? Trainiert den Gehorsam auf einen Befehl hin und verbessert außerdem den Gleichgewichtssinn.

Wer? Diese Übung ist recht schwierig für Hunde mit einem langgezogenen Körper und kurzen Beinen, wie z. B. Dackel und Bassets, viel einfacher hingegen für kompakte Hunde wie Terrier und Spaniel. Die Übung darf nicht mit Hunden durchgeführt werden, die Wirbelsäulenprobleme haben!

1 Geben Sie dem Hund das Kommando „Sitz-Bleib" (siehe Seiten 103 und 106) und stellen Sie sich vor ihn hin. Halten Sie ein Leckerli direkt über seinen Kopf und ziemlich nah vor seine Nase, sodass er nicht in Versuchung gerät, danach zu springen. Sagen Sie das Kommando „Bitte" und halten Sie das Leckerli mit ausgestrecktem Zeigefinger weiterhin vor seine Nase – als zusätzliches visuelles Signal.

2 Wenn Ihr Hund versucht, an den Leckerbissen heranzukommen, dann halten Sie ihn etwas höher über ihn. Gibt er Ihnen eine Pfote, dann loben und belohnen Sie ihn mit dem Leckerli.

3 Wiederholen Sie das Ganze, wenn er Ihnen eine Pfote gibt. Heben Sie mit einer Hand seine Pfote noch höher, während ihn die andere Hand mit dem Leckerli immer weiter nach oben lockt. Sobald der Hund auch seine zweite Pfote vom Boden hebt, loben und belohnen Sie ihn mit einem Leckerbissen.

4 Wiederholen Sie die Übung mehrmals, bis sich der Hund daran gewöhnt hat, beim „Männchen machen" Ihre Hand als Stütze zu benutzen. Dann entziehen Sie ihm Ihre Hand nach und nach, wobei Sie ihn mit dem Leckerli weiterhin nach oben locken.

Winken

Wie? Der Hund gibt seine Pfote wie beim Händeschütteln und macht dann eine Pfotenbewegung als ob er winken würde.

Was? Trainiert den Gehorsam und beeindruckt jeden Gast.

Wer? Einem Hund das Pfötchengeben beizubringen, ist relativ einfach – die Bewegung entspricht einer angeborenen Beschwichtigungsgeste und demonstriert Unterwürfigkeit. Größere Rassen wie Apportier- und Hütehunde (siehe Seiten 66–67) sind die besten „Winker", obgleich ich auch schon sehr begabte Terrier getroffen habe!

1 Sie und Ihr Hund sitzen sich auf dem Boden gegenüber (bzw. Sie beugen sich zu ihm hinunter, wenn Sie auf einem Stuhl sitzen). Strecken Sie ihm Ihre Hand entgegen (Handfläche zeigt nach oben) und geben Sie das Kommando „Pfote". Sobald der Hund seine Pfote hebt, nehmen Sie sie sanft in die Hand und schütteln sie. Belohnen Sie den Hund, wenn er mitmacht, und geben Sie ihm ein Leckerli. Wiederholen Sie das Ganze vier- bis fünfmal.

2 Wiederholen Sie dasselbe Kommando, aber halten Sie Ihre Hand außerhalb seiner Reichweite, wenn der Hund seine Pfote nach Ihnen ausstreckt. Er wird darauf versuchen, seine Pfote noch weiter auszustrecken, um Ihre Hand zu erreichen. Wenn er das tut, dann loben und belohnen Sie ihn.

3 Verwenden Sie wieder dasselbe Kommando, halten Sie jedoch die Belohnung so lange zurück, bis Ihr Hund versucht, mit einer Art Winkbewegung an Ihre Hand zu gelangen. Schon bald wird er zwei- bis dreimal „winken". Um das Kommando zu festigen, variieren Sie die Höhe, in der Sie Ihre Hand halten. Bringen Sie den Hund jedoch nicht dazu, seine Pfote so hoch zu halten, dass er die Balance verliert und sich auf dem Boden abstützen muss. Sobald der Hund eindeutig eine Winkbewegung ausführt, ersetzen Sie das Kommando „Pfote" durch „Winken".

Verbeugen

Wie? Der Hund senkt die vordere Körperhälfte bis zum Boden ab, so als ob er sich verbeugen würde.

Was? Trainiert den Gehorsam und beeindruckt jeden Gast.

Wer? Mit einigen Rassen wie z. B. Corgi, Dackel und Boxer sollte diese Übung nicht durchgeführt werden – und selbstverständlich auch nicht mit Hunden, die unter Wirbelsäulenproblemen leiden.

1 Der Hund steht vor Ihnen, während Sie sich am besten hinknien. Halten sie ihm ein Leckerli vor die Nase und bewegen es dann mit der Hand nach unten bzw. nach vorne, als ob Sie es ihm unter den Brustkorb legen wollten. Ziel ist, den Hund dazu zu bringen, dem Leckerli mit der Nase zu folgen und allmählich seine vordere Körperhälfte zu beugen. Bevor er sich jedoch vollständig auf den Boden legt und ins „Platz" geht, müssen Sie ihn abpassen und ihn mit dem Leckerbissen belohnen.

2 Wiederholen Sie die Übung, wobei Sie den Zeitpunkt der Belohnung immer weiter hinausschieben, sodass sich Ihr Hund immer weiter „verbeugt". Schließlich wird er sich auf seine Ellenbogen niederlassen, während sein Hinterteil erhoben ist. An diesem Punkt erteilen Sie den Befehl „Verbeugen", bevor Sie ihn belohnen.

3 Wiederholen Sie den Vorgang, bis der Hund Kommando und Verhalten miteinander in Verbindung gebracht hat. Dann lassen Sie ihn den Trick ausführen, während Sie knien oder stehen. Sobald sich der Hund auf Ihr Kommando hin zuverlässig „verbeugt", können Sie das Belohnungs-Leckerli auch weglassen.

Hürdenlauf

Wie? Der Hund soll über eine oder mehrere Hürden springen.

Was? Verbessert die körperliche und geistige Fitness.

Wer? Die besten „Hürdenläufer“ sind die langbeinigen Jagdhunde (siehe Seiten 64–65), die Apportierhunde (siehe Seiten 76–77) und einige Hütehunde, wie z. B. Border Collies und Collies (siehe Seiten 66–67). Welpen darf man nicht über derartige Hürden springen lassen, weil sie leicht Knochen- und Gelenksverletzungen davontragen können.

1 Stellen Sie eine niedrige Hürde auf, die Ihr Hund ohne zu springen überwinden kann, und nehmen Sie ihn an eine lange Leine. Lassen Sie den Hund bei Fuß einige Male über das Hindernis gehen und zwar in beide Richtungen.

2 Geben Sie Ihrem Hund auf der einen Seite der Hürde den Befehl „Sitz-Bleib“ (siehe Seiten 103 und 106) und gehen Sie auf die andere Seite – stehen Sie Ihrem Hund aber nicht im Weg. Rufen Sie den Hund zu sich. Wenn er sich dem Hindernis nähert, geben Sie das Kommando „Spring“.

3 Wenn er das Hindernis übersprungen hat, lassen Sie ihn vor sich „Sitz" machen und belohnen ihn mit sehr viel Lob. Wiederholen Sie den Vorgang während mehrerer Trainingseinheiten, bis Sie das Gefühl haben, dass der die Leine nicht mehr braucht. Stellen Sie sich auf die andere Seite der Hürde, rufen Sie ihn, lassen Sie ihn springen und dann vor Ihnen „Sitz" machen.

4 Sobald Ihr Hund auf Kommando die Hürde überspringt, erhöhen Sie diese allmählich um 2,5–5 cm: Das Hindernis sollte aber nicht höher als der Hund selbst sein.

Sprechender Hund

Wie? Bei diesem höchst unterhaltsamen Trick wird dem Hund beigebracht, auf Befehl zu „sprechen".

Was? Trainiert den Gehorsam auf Kommandos und im fortgeschrittenen Stadium kann der Hund auf eine Reihe von – mitunter sehr subtilen – Signalen reagieren.

Wer? Hunde, die bellfreudiger sind als andere, eignen sich besonders gut für diese Übung. Hierzu gehören z. B. Terrier, Schnauzer (siehe Seiten 72–73), Spitze (siehe Seiten 70–71) und Terriermischlinge (siehe Seite 78). Es ist klar, dass dieser Trick mit nicht bellenden Rassen, wie dem Basenji, nicht funktionieren kann!

1 Geben Sie Ihrem Hund den Befehl „Sitz-Bleib" (siehe Seiten 103 und 106), stellen Sie sich vor ihn hin und halten Sie ihm entweder sein Lieblingsspielzeug oder ein Leckerli über seinen Kopf. Necken Sie ihn mit diesem Objekt, indem Sie damit vor ihm herumspielen und ihn dabei in aufforderndem Tonfall ansprechen. Geben Sie dann dem Hund immer wieder einen Befehl, wie z. B. „Gib Laut", überlassen ihm den Gegenstand jedoch nicht.

2 Sobald der Hund irgendeinen Laut von sich gibt, seine Lippen bewegt oder nervös wird, loben Sie ihn und geben ihm das Spielzeug bzw. Leckerli.

3 Fahren Sie auf die gleiche Weise fort, doch geben Sie ihm die Belohnung nun erst, wenn er lautstark bzw. mit heftigen Lippenbewegungen reagiert. Die meisten Hunde werden bereits nach wenigen Wiederholungen die Verbindung zwischen gesprochenem Befehl und Lautgeben begriffen haben. Versuchen Sie nun, dem verbalen Befehl ein visuelles Signal zuzuordnen – beispielsweise ein Kopfnicken oder eine Fingerbewegung – damit Sie auf das gesprochene Kommando ganz verzichten können.

Buddeln

Wie? Der Hund buddelt ein von Ihnen eingegrabenes Objekt aus und vergräbt es – wenn Sie Glück haben – anschließend wieder.

Was? Fördert die Fähigkeit Aufgaben zu lösen und bietet körperliche Ertüchtigung. Schlecht für Blumenrabatten!

Wer? Ich kenne Hunde, die Dinge viel lieber aus- als vergraben – zu ihnen zählen auch die Terrier!

1 Zeigen Sie dem Hund eines seiner Spielzeuge und vergraben Sie es vor seinen Augen. Während des Vergrabens wiederholen Sie mehrmals den Befehl „Buddeln“. Gehen Sie nun zur Seite und lassen Sie ihn den Gegenstand ausbuddeln und zu Ihnen bringen.

2 Geben Sie ihm dann den Befehl „Buddeln“ und warten Sie, bis er sein Spielzeug vergräbt. Wenn er das Kommando ausführt, dann muss er ausgiebig belohnt werden. Für die meisten Hunde – vor allem für Terrier – ist das Ver- und Ausgraben von Dingen die natürlichste Sache der Welt.

Hindernisrennen

Wie? Dieser Parcours ähnelt einem Zirkeltraining und besteht aus einer Reihe von Hindernissen, die der Hund bewältigen soll.
Was? Garantiert viel Spaß für den Hund, vertieft sein Vertrauen und fördert die körperliche Fitness.
Wer? Für fast jede Rasse geeignet, mit Ausnahme kurzbeiniger Hunde, kranker Hunde und Riesenrassen.

Wenn Sie ein Grundstück oder einen großen Garten besitzen und über minimale handwerkliche Fertigkeiten verfügen, dann kann es sich durchaus lohnen, einen Hindernis-Parcours für Ihren Hund anzulegen, besonders wenn er gelernt hat, auf Kommando zu springen (siehe gegenüberliegende Seite). Viele Hunde lieben diesen Spaß-Parcours. Die Hindernisse sollten so beschaffen sein, dass sich Ihr Hund nicht verletzen kann – keine scharfen Kanten bzw. herausstehenden Nägel und keine giftigen Farben. Die Konstruktionen sollten stabil sein, die Balken der Hürden jedoch nur lose aufgelegt, damit sie sofort herunterfallen, wenn sie der Hund mit der Pfote anstößt. Ihr Hindernis-Parcours könnte sich z. B. wie folgt zusammensetzen:

Alter Reifen mit großem Innendurchmesser. Er wird an vier Seilen aufgehängt, damit er keinen großen Bewegungsspielraum hat.

Tunnel. Halbe Reifen oder gebogene Stöcke werden mit Papier, Tüchern oder Holzbrettern abgedeckt – groß genug, dass der Hund leicht durchkommen kann. Zu Beginn genügt ein ein Meter langer Tunnel, der später verlängert bzw. mit Biegungen versehen werden kann.

Rampe. Eine stabile, für Ihren Hund genügend breite Fläche aus Brettern, die anfangs nicht zu steil ansteigen sollte.

Hürde. Nicht höher als diejenige, über die Ihr Hund während der Trainingsstunden gesprungen ist. Wenn Sie Ihren Hund auf den Parcours mitnehmen, dann sollten Sie die ihm vertrauten Kommandos verwenden. Locken Sie ihn mit einem Spielzeug oder Leckerli bzw. feuern Sie ihn mit Ihrer Stimme und mit Körpereinsatz an, die Hindernisse zu überwinden. Begleiten Sie ihn durch den gesamten Parcours und belohnen Sie ihn mit überschwänglichem Lob und Leckerlis, wenn er alle Hindernisse gemeistert hat. Falls nötig, können Sie anfangs eine lange Leine – wie beim Hürdenspringen – verwenden. Die meisten Hunde begreifen einen Hindernis-Parcours sehr schnell und sind dann mit großem Enthusiasmus bei der Sache.

Sobald Ihr Hund einige Erfahrung gesammelt hat, können Sie den Tunnel länger bzw. schwieriger gestalten, die Steigung der Rampe leicht erhöhen und einen zweiten Reifen bzw. eine weitere Hürde anbringen.

Versteckspiel

Wie? Die Hundeversion des bekannten Kinderspiels.
Was? Der Hund muss all seine Sinne benutzen, um Sie zu finden.
Wer? Alle Rassen, speziell Gesellschaftshunde und Terrier.

Dieses Spiel ist für zu Hause, nicht für einen betriebsamen Park, gedacht. Geben Sie dem Hund das Kommando „Sitz-Bleib“ (siehe Seiten 103 und 106), entfernen Sie sich und suchen Sie sich ein geeignetes Versteck – genau wie im Kinderspiel.

Sobald Sie sich versteckt haben, rufen Sie Ihren Hund beim Namen: Wiederholen Sie Ihr Rufen, wenn Sie merken, dass er in die falsche Richtung läuft. Sobald er Sie gefunden hat, wird er mit einem Leckerli und viel Lob belohnt.

So bleibt Ihr **älterer Hund** fit

Wie bei uns Menschen bringt das Alter auch bei Hunden gewisse geistige Veränderungen mit sich, die sich auch auf die Intelligenz auswirken. Die Frontallappen des Gehirns sind in zahlreiche Grundfunktionen involviert, darunter Problemlösung, Gedächtnis, Urteilsvermögen, Initiative sowie Sozial- und Sexualverhalten. Beim Hund beginnen die Frontallappen im Alter zwischen acht und elf Jahren – wenn die ersten Anzeichen senilen Verhaltens auftreten – zu schrumpfen.

Bereits im Alter von sieben Jahren können die fortschreitenden degenerativen Prozesse im Gehirn einsetzen und die kognitiven Fähigkeiten des Hundes beeinflussen. Dieser Zustand wird als kognitive Dysfunktion des Hundes (Canine cognitive dysfunction = CCD) bezeichnet und geht mit pathologischen Veränderungen im Gehirn einher, die mit denen bei Alzheimer vergleichbar sind. Hunde weisen auch ähnliche Symptome auf wie an Alzheimer erkrankte Menschen (siehe Seite 139).

Doch wie können wir diese altersbedingten Veränderungen im Hundegehirn aufhalten oder zumindest verlangsamen bzw. einen bereits existierenden Zustand verbessern? Das folgende Kapitel widmet sich den drei Hauptaspekten, mit deren Hilfe der Hundebesitzer wirkungsvoll dagegen vorbeugen kann: körperliche Aktivitäten, geistige Stimulation und angepasste Ernährung.

Merkmale des Alters

Auch bei Hunden zeigen sich im Lauf der Jahre körperliche Veränderungen. Die geistigen Fähigkeiten müssen sich bei älteren Menschen und Hunden nicht unbedingt verschlechtern, bei alten Hunden zeigen sich jedoch Symptome, die denen von Alzheimer-Patienten ähneln. Wenn dies eintritt, ist dennoch nicht alles verloren. Jeder Hundehalter kann etwas dagegen tun, um diesen Zustand zu verbessern.

Tierärztliche Untersuchung

Es ist sehr wichtig, darauf hinzuweisen, dass Anzeichen für eine kognitive Dysfunktion nicht unbedingt vom Alter herrühren müssen bzw. durch degenerative Veränderungen am Gehirn verursacht werden: Sie können ebenso auf eine Erkrankung oder Fehlfunktion in einem anderen Teil des Körpers hindeuten. So ist z. B. ein Hund, dessen Gehör langsam nachlässt, nicht ungehorsam, sondern er hört ganz einfach Ihre Kommandos nicht mehr; und wenn die Augen schlechter werden, dann fällt es dem Hund schwer, irgendwelche Tricks vorzuführen; ein arthrotischer Hund wiederum ist verständlicherweise nicht sehr erpicht auf körperliche Ertüchtigung.

In all diesen Fällen sollte beim Auftreten derartiger Symptome oder anderer Gesundheitsprobleme bei der ersten Gelegenheit ein Tierarzt konsultiert werden. So können z. B. viele Augen- und Ohrerkrankungen mit Erfolg behandelt oder zumindest verbessert werden und es ist für alle älteren Hunde empfehlenswert, wenn sie ca. alle sechs Monate dem Tierarzt vorgestellt werden (bzw. alle drei Monate, wenn der Hund anfängt, Gewicht zu verlieren oder wenn Sie merken, dass er richtig „senil“ wird).

Kommunikation

Wie bereits erklärt, ist es äußerst wichtig, mit dem Hund sowohl verbal als auch über die Körpersprache zu kommunizieren (siehe Seiten 98–99). Auf diese Weise kann Ihr Hund – auch wenn er im Alter taub wird – wenigstens noch *sehen*, was Sie ihm mitteilen wollen und die Kommunikation zwischen Ihnen und Ihrem Hund kann bis an sein Lebensende ungehindert fortgeführt werden.

Lebenserwartung

Der weltweit älteste Hund, ein Australian Cattle Dog, starb im Jahr 2000 im Alter von 29 Jahren. Einem unbestätigten Bericht zufolge gab es in Australien noch einen Hund – Bluey, einen Hütehund aus Queensland – der 29 Jahre und fünf Monate alt wurde und im Jahr 1940 verstarb. Es ist ein weithin verbreiteter Glaube, dass ein Hundejahr sieben Menschenjahren entspricht. Dem ist nicht so. Wenn es so wäre, würde ein Mensch seinen 203. Geburtstag feiern, wenn er das Alter des vorher erwähnten Bluey erreicht hätte. Man kann das Alter nicht einfach multiplizieren. Die folgende Tabelle zeigt relativ exakte Altersangaben für erwachsene Hunde:

	Mittleres Alter	Älter	Sehr alt
Mensch	45–69 Jahre	60–74 Jahre	Über 75 Jahre
Hund unter 9 kg	ca. 7 Jahre	ca. 11 Jahre	ca. 15 Jahre
9–23 kg	ca. 7 Jahre	ca. 10 Jahre	ca. 14 Jahre
Über 23 kg	ca. 5 Jahre	ca. 9 Jahre	ca. 12 Jahre

Körperliche **Aktivität**

Bewegung ist sehr wichtig, um bei älteren Hunden die Funktionsfähigkeit des Gehirns aufrecht zu erhalten. Dabei spielt der Besitzer eine entscheidende Rolle. Um einen Hundesenior geistig fit zu halten, kann manchmal auch ein Welpe hilfreich sein. Bewegung fördert nicht nur die Fitness des alternden Körpers, sondern ist auch gut fürs Gehirn, weil durch sie mehr Nährstoffe in die Nervenzellen gelangen. Die Ankunft eines neuen Welpen stimuliert ebenfalls das Gehirn des älteren Hundes und zwingt ihn zu mehr körperlichen Aktivitäten.

Regelmäßige Bewegung

Abwechslungsreiche, regelmäßige Bewegung ist sehr wichtig für den alternden Hund: Damit ist nicht der Spaziergang an der Leine um den Häuserblock gemeint, sondern mindestens ein- bis zweimal täglich ausreichend Freilauf im Park oder Wald. Dabei sollte der Hund die Gelegenheit haben, mit Ihnen und Artgenossen zu spielen bzw. falls möglich, sogar zu schwimmen. Ältere Hunde darf man jedoch nicht überfordern, bis sie erschöpft sind; außerdem sollte man darauf achten, dass es ihnen nicht kalt ist. Spiele und Auslauf sollte man auf die Zeit *vor* der Fütterung legen. Und wenn das Wetter schlecht ist, dann gibt es ja zum Glück genügend Spiele, die Geist und Körper stimulieren und im Haus durchgeführt werden können.

Welpentherapie

Kommt ein Welpe in einen Haushalt, in dem bereits ein älterer Hund lebt, dann kann er von unschätzbarem Wert sein, um den Senior auf Trab zu halten. Dies wirkt sich positiv auf dessen körperliche Verfassung aus und stimuliert die Durchblutung des Gehirns. Außerdem wird die Produktion chemischer Substanzen gesteigert, die die Gehirnfunktion unterstützen bzw. schützen – eine dieser Substanzen ist das Serotonin, ein Anti-Depressivum und Stimmungsaufheller.

Ernährung im Alter

Es gibt Mittel und Wege, das Fortschreiten der kognitiven Dysfunktion zu verlangsamen bzw. zu bekämpfen. Eine bedeutende Rolle spielen dabei Ernährung und die Verabreichung bestimmter Nahrungsergänzungsmittel.

Nahrungsergänzungsstoffe

Wir werden heute täglich von den Massenmedien mit Ratschlägen und gesundheitsfördernden Produkten überhäuft, die dazu dienen sollen, unsere Ernährung zu verbessern bzw. umzustellen. Viele – nicht alle – basieren auf wissenschaftlichen Erkenntnissen; das Gleiche gilt für die Vielzahl an Markenfuttermitteln und Nahrungsergänzungsmitteln für Haustiere.

Jeder Hund sollte ein Leben lang gut, nährstoffreich und ausgewogen ernährt werden, nach dem sechsten oder siebten Lebensjahr gewinnen jedoch bestimmte Inhaltsstoffe immer mehr an Bedeutung – besonders bei der Bekämpfung der bereits erwähnten Veränderungen im Gehirn (siehe Seite 134). Nachhaltige Wirkung zeigen hierbei Vitamine, Antioxidanzien und Radikalfänger.

Als Hundehalter sollte man dem Futter des alternden Vierbeiners die folgenden Substanzen beifügen:

- Kleine Mengen an Obst und Gemüse
- Vitamin E
- Vitamin C
- L-Carnitin und Alpha-Liponsäure, getrennt oder in kombinierter Form in Drogeriemärkten und Apotheken erhältlich

Eine weitere wertvolle Nahrungsergänzung sind die Omega-6-Fettsäuren (siehe Seite 116), die in Form von Fischölkapseln erhältlich sind. Als Alternative können Sie Ihrem Hund einmal wöchentlich einen gekochten Fisch, wie z. B. Hering oder Makrele, vorsetzen.

Bestätigung durch die Wissenschaft

Ein faszinierendes Experiment wurde mit vier Gruppen bestehend aus 7- bis 11-jährigen Beagles durchgeführt. Nachdem sie alle verschiedenen Intelligenztests unterzogen wurden, erhielt die eine Gruppe (A) viel zusätzliche Bewegung und geistige Stimulation, zusammen mit einer normalen Ernährung, die durch Tomaten, Karottengranulat, Zitrus-Fruchtfleisch, Spinatflocken, Vitamin E und C, Alpha-Liponsäure und Karnitin ergänzt wurde.

Die zweite Gruppe (B) erhielt dieselbe oben beschriebene Ernährung, aber ohne zusätzliche Bewegung und geistige Stimulation.

Die dritte Gruppe (C) erhielt eine normale Ernährung ohne Nahrungsergänzungsstoffe, jedoch mit zusätzlicher Bewegung und geistiger Stimulation.

Die vierte Gruppe (D) schließlich erhielt nur die normale Ernährung. Als man nach einigen Wochen die Hunde wiederum einem Test unterzog, zeigten sich in Gruppe D keine Veränderungen des IQ, bei den Gruppen B und C waren gleichermaßen Verbesserungen festzustellen und bei Gruppe A war die IQ-Steigerung am deutlichsten zu erkennen.

Als man jedoch das gleiche Experiment mit jungen Beagles durchführte, war bei keiner Gruppe eine Veränderung des IQ festzustellen. Dies lässt den Schluss zu, dass Nahrungsergänzungsstoffe auf ältere Tiere eine therapeutische Wirkung haben und bei den ersten Anzeichen einer Verschlechterung der mentalen Fähigkeiten verabreicht werden sollten.

Holländische Wissenschaftler haben herausgefunden, dass tägliche Gaben von Folsäure (ein Vitamin, das in Blattgemüse, Bohnen und Leber vorkommt) den Alterungsprozess beim Menschen um fünf Jahre zurücksetzen können. Eine ähnliche Wirkung könnte eine Nahrungsergänzung mit Folsäure bei alten Hunden haben.

Diese Ergänzungsstoffe sind zwar nicht ganz billig und die Zusammenstellung des Futters mag etwas zeitaufwendig sein – die Ergebnisse sind jedoch viel besser als wenn man speziell zusammengestelltes Fertigfutter für Senioren kauft.

Kampf gegen die Speckröllchen

Forscher haben kürzlich festgestellt, dass starkes Übergewicht die Intelligenz eines Menschen verringern kann, weil es die Durchblutung des Gehirns bzw. dessen Versorgung mit Nährstoffen hemmt. Das Gleiche könnte durchaus auch für Hunde gelten und ein weiterer Grund dafür sein – abgesehen von einem geringeren Diabetes-Risiko sowie Kreislauf- bzw. Gelenkproblemen im Alter – auf das Gewicht unserer Haustiere zu achten. In den USA ist seit neuestem ein Medikament auf dem Markt, das Übergewicht bei Hunden bekämpfen soll. Leider zeigen sich bei diesem Medikament Nebenwirkungen wie z. B. Erbrechen, Durchfall und sogar Anorexie. Sicherer und billiger ist es, wenn Sie das Gewicht Ihres Tieres durch eine ausgewogene Ernährung und regelmäßige Bewegung kontrollieren.

Geistige Stimulation

Die Fitness eines Gehirns hängt – genau wie bei den Muskeln unseres Körpers – davon ab, wie aktiv es trainiert wird. Es liegt in der Verantwortung des Besitzers, das Gehirn seines Hundes ständig zu stimulieren, indem er ihm verschiedene Denkaufgaben stellt.

Tägliche Aufgaben

Das Gehirn eines Hundes aktiv zu halten, hängt beinahe vollständig von der Beteiligung des Besitzers ab. Er muss seinem Hund interessante, vergnügliche Aufgaben stellen, ihm Tricks beibringen und Spiele mit ihm spielen (siehe Seiten 120–131). Was aber am wichtigsten ist: Sie müssen täglich mit Ihrem Hund *kommunizieren* (siehe Seiten 98–99).

Training für Hunde mit eingeschränkter Sehkraft

Auch einem blinden bzw. schlecht sehenden Hund kann man – genau wie einem Hund mit voller Sehkraft – Aufgaben stellen, die er lösen muss. Dadurch hilft man ihm, Stress abzubauen, sein Vertrauen zu fördern und ihn aus Schwierigkeiten herauszuhalten. Sie müssen dabei viel Geduld zeigen und dürfen *nie* auch nur kleinste Anzeichen von Gereiztheit entstehen lassen. Abgesehen von „Sitz“ (siehe Seite 103) müssen Sie ihm noch die folgenden Grundkommandos beibringen:

- **Langsam.** Dies ist nötig, um zu vermeiden, dass der Hund gegen Gegenstände läuft. Leinen Sie den Hund am Geschirr an und – wenn er zu laufen beginnt – halten Sie ihn sanft zurück, während Sie das Kommando „Langsam“ geben. Wenn er es korrekt ausführt, sagen Sie „Guuuut!“ und belohnen Sie ihn mit viel Lob und einem Leckerli.
- **Warten.** Auch ein sehr wichtiges Kommando, das den Hund vor Gefahr beschützt, wenn er z. B. eine Straße überqueren will. Dieses Kommando sollte erst trainiert werden, wenn der Hund „Langsam“ beherrscht. Legen Sie den Hund an die Leine und halten Sie ihn sanft, aber bestimmt zurück, während Sie „Warten“ zu ihm sagen. Belohnen Sie den Hund, wenn er das Kommando sofort ausführt.

Training für gehörlose Hunde

Auch taube Hunde kann man trainieren, wobei die Körpersprache ein wertvolles Kommunikationsmittel darstellt (siehe Seiten 98–99). Sie können sogar noch weitergehen und Handzeichen verwenden. Es gibt taube Hunde, die mit fünf oder sechs Jahren bereits ein „Vokabular“ aus 50 Handzeichen beherrschen!

Um die Aufmerksamkeit des Hundes zu erlangen, können Sie mit dem Arm winken, mit dem Fuß aufstampfen oder eine Taschenlampe einschalten. Die einzelnen Trainingseinheiten sollten nicht länger als 5 bis 10 Minuten dauern. Sie können den Hund zwar nicht mit Worten loben, doch er wird Ihr Lob auch verstehen, wenn Sie in die Hände klatschen, lächeln und „Gut“ zu ihm sagen.

Kognitive Dysfunktion des Hundes (CCD)

Heute weiß man, dass dieser Zustand bei alten Hunden Verhaltensänderungen mit sich bringt, die denen menschlicher Alzheimer-Patienten ähneln. Wenn Ihr Hund Anzeichen von CCD zeigt, dann gibt es Mittel und Wege, damit umzugehen und die Situation leichter zu machen.

Symptome bei CCD

Es sind sehr viele Symptome und sie können auf verschiedene Weise und mit unterschiedlichem Schweregrad auftreten. Dazu zählen: verstärktes Schlafbedürfnis, kürzere aktive Abschnitte, mangelndes Interesse an der Umwelt – einschließlich am Besitzer – verzögerte Reaktion auf Kommandos, zunehmender Ungehorsam (oft aufgrund von Taubheit), Verwirrtheit, Probleme beim Erkennen von Familienmitgliedern, Vergessen des Namens, Appetitlosigkeit, Darm- oder Blaseninkontinenz, Probleme, sich in vertrauter Umgebung zurechtzufinden (z. B. der Hund verläuft sich im eigenen Haus), zielloses Umherwandern, starker Durst, übermäßiges Hecheln, Verlust der Stubenreinheit, innere Unruhe oder Bellen ohne erkennbaren Grund. Eine von amerikanischen Tierärzten durchgeführte Studie zeigte, dass 62 % aller 11- bis 16-jährigen Hunde eines oder mehrere dieser charakteristischen Anzeichen für CCD aufwiesen.

Medikamente

Kürzlich kam ein nicht abhängig machendes Medikament auf den Markt, das bei der Behandlung von Parkinson-Patienten eingesetzt wird. Es erhöht den Gehalt an Dopamin im Gehirn, einem Neuro-Transmitter, der an der Weiterleitung von Nervenimpulsen beteiligt ist. Es kann zahlreiche Anzeichen von Gehirnalterung rückgängig machen und fördert das Bewusstsein. Zwei von drei alten Hunden, die unter tierärztlicher Aufsicht mit diesem Medikament behandelt wurden, zeigten eine signifikante, wenn nicht sogar bemerkenswerte Verbesserung ihres Zustands.

Man hat herausgefunden, dass durch regelmäßige Entwurmung in vielen Fällen die Leistungsfähigkeit bei Hunden gesteigert werden konnte, wenn diese Probleme hatten, sich an Befehle zu erinnern oder allgemein Dinge zu erlernen. Regelmäßiges Entwurmen bzw. die tierärztliche Untersuchung des Hundekots auf Parasiten ist eine vernünftige Vorsichtsmaßnahme für jeden Hundebesitzer.

Praktische Gegenmaßnahmen

Sie können Ihrem Hund mit CCD helfen, indem Sie dafür sorgen, dass sein Umfeld im und ums Haus bequem, vertraut und freundlich ist:

- Vermeiden Sie das Umstellen von Möbelstücken.
- Achten Sie darauf, dass der Hund überall ungehindert laufen kann.
- Konstruieren oder kaufen Sie eine Rampe für Treppen, damit der Hund besser in die oberen Stockwerke gelangt.
- Erstellen Sie einen Plan für Fütterungszeiten, Auslauf und kurzen Spielabschnitten, die ihm Spaß machen.
- Geben Sie kurze und einfache Befehle.
- Haben Sie Geduld und zeigen Sie dem Hund, dass Sie ihn lieben und respektieren, für all das, was er in all den Jahren für Sie getan hat.

Literatur

Der Intellekt des Hundes

Forschungsarbeit der Eotvos Lorand Universität in Ungarn: Vilmos, Csanyi, *If Dogs Could talk*, Farrar, Strauss & Giroux, 2004

Dr. Edward Wilsons Studien über die Intelligenz von Tieren: Wallace, Irving: *The Book of Lists No 2*, S. 104, William Morrow & Co, 1983

Professor der Neurowissenschaften an der Universität Witwatersrand, Südafrika; Delfintheorie: Manger, Paul R., 'An Examination of Cetacean Brain Structure with a Novel Hypothesis Correlating Thermogenesis to the Evolution of a Big Brain', *Biological Review Cambridge Philosophical Society*, 30. März 2006, S. 1–46

Professor Ben Hart, Studium der Hunderassen: Hart, B. L. und Miller, M.F., 'Behavioural Profiles of Dog Breeds', *Journal of the American Veterinary Medical Association,* Nr. 186, 1985, S. 1175–1180

Professor Sam Gosling, Universität Texas, USA, Tests über die Persönlichkeit des Hundes: BBC News, 22. Februar 2005, 'Test for Canine Personalities'

Dr. Susan Eirich siehe www.earthfireinstitute.org, 2003, 'Do Animals Have Emotions?'

Leslie Burgard siehe www.leslie@dogsthink.com

Umfrage von Bruce Fogle: Fogle, B. und Abrahamson, D., 'Pet Loss: A Survey of the Attitudes and Feelings of Practising Veterinarians', *Anthrozoos*, Band 3, 1990, S. 143–150

Herr Rivera und Dorado: www.moggies.co.uk, 'Hero Dog Dorado Saves Blind Owner', 14. September 2001

Forschungsarbeiten von Dr. Belyaev: Trut, L.N., 'Early Canid Domestication: The Fox Farm Experiment', *American Scientist*, Nr. 87, 1999, S. 160–169

Der Hund und seine Supersinne

Dr. Rupert Sheldrakes Experimente: Sheldrake, Rupert, *Dogs That Know When Their Owners Are Coming Home And Other Unexplained Powers of Animals*, Three Rivers Press, 2000

Elizabeth Marshall Thomas siehe: Marshall Thomas, Elizabeth, *The Hidden Life of Dogs*, Taschenbuchausgabe, Neuauflage 1996

Mit dem Hund kommunizieren

Studien über Lautäußerungen der Eotvos Lorand Universität in Ungarn: Vilmos, Csanyi, *If Dogs Could Talk*, Farrar, Strauss & Giroux, 2004

Turid Rugaas Studien mit Wölfen und Hunden: *Calming Signals,* 2. Ausgabe, Dogwise Publishing, 2005; *Calming Signals*: *What Your Dog Tells You*, Dogwise Publishing, 2005

Professor Stanley Coren, *The Intelligence of Dogs*, The Free Press, Holder Headline, London, 1994

Tim Pennings Experimente: Pennings, T., *College Mathematics Journal*, Mai 2003

Studien französischer Wissenschaftler: Perruchet, P., und Gallego, J., *College Mathematics Journal*, Januar 2006

Studien über das Langzeitgedächtnis an der Universität Michigan, USA: www.sniksnak.com/cathealth/whydo.html

Dr. Zimens Studien über Wölfe und Pudel: Zimen, E., *The Wolf: A Species in Danger*, Delacorte, 1981; 'Ontogeny of Approach and Flight Behaviour Towards Humans in Wolves, Poodles and Wolf-Poodle Hybrids' in *Advances, Issues and Problems in Captive Wolf Research,* (Ausgabe H. Frank), Dr. W. Junk Publishers, Niederlande, 1987

Rico, der Border Collie, der 200 Begriffe kennt: Kaminski, J., Call, J. und Fischer, J., 'Word Learning in a Domestic Dog: Evidence for „Fast Mapping", *Science* , Band 304, Nr. 5677, 11. Juni 2004, S. 1682–1683

Quaranta, A., Siniscalchi, M. und Vallortigara, G., 'Asymmetric tail-wagging responses by dogs to different emotive stimuli', *Current Biology*, 20. März 2007, S. 199, 17 (6)

So wird Ihr Hund schlauer

Studie über Pfotenpräferenzen der Universität Sydney, Australien: *Sunday Telegraph*, 24. Dezember 2006

So bleibt Ihr älterer Hund fit

Experimente mit Beagles: Milgram, N.W., Head, E., et al., 'Learning Ability in Aged Beagle Dogs is Preserved by Behavioural Enrichment and Dietary Fortification: A Tow-year Longitudinal Study', *Neurobiology of Ageing,* Nr. 26, 2005, S. 77–90

Studien niederländischer Wissenschaftler über Folsäure: BBC News, 15. August 2005

Training gehörloser Hunde durch Handzeichen: Costello, Elaine, *Webster's American Sign Language Dictionary*, Random House, 1997

Register

Dank

Dank des Autors

Vielen, vielen Dank für die Hilfe und fachliche Unterstützung, die ich von meinen Lektoren bei Hamlyn, Trevor Davies, Ruth Hamilton und Charlotte Macey erhielt. Außerdem danke ich Joanne Wilson von Octopus, mit der ich die Idee für dieses Buch als Erste diskutierte. Und natürlich einen besonderen Dank an meine fünf Birma-Katzen Sid, Golda, Mitzi, Muffin und Sam, die mich mit ihrer Freundschaft begleiteten und meinen Computer, Schreibtisch und Schoß belagerten.

Dank des Herausgebers

Cheflektor: Trevor Davies
Lektoren: Charlotte Macey und Ruth Hamilton
Stellv. Creative Director: Karen Sawyer
Gestaltung: Pete Gerrish und Mark Stevens
Fotos: Russel Sadur
Bildredaktion: Giulia Hetherington
Produktion: Martin Croshaw

Vielen Dank an unsere Models

Sue Ottman mit Marti, Bernie und Rosie
Jan Beatens mit Ozzie
Angie und Gary Billington mit Benson
Karen Tapley mit Taf

Bildnachweis

Special Photography © Octopus Publishing Group Limited/Russel Sadur

Weitere Fotos: S. 4–5 Alamy/Aflo Foto Agency; S. 7 Getty Images/National Geographic/Jim und Jamie Dutcher; S. 8 Getty Images; S. 9 Getty Images/Photographic's Choice/Steve Smith; S. 13 Getty Images/Gone Wild; S. 14 Corbis/ Martin Harvey; S. 17, 19, 20 Alamy/Juniors Bildarchiv; S. 21 Alamy/Terry Whittaker; S. 23 Corbis/dpa/Gambarini Mauricio; S. 25 Shutterstock/Piotr Sikora; S. 27 Corbis/Jim Craigmyle; S. 28 FLPA/Angela Hammond; S. 29 FLPA/John Watkins; S. 30 Corbis/zefa/Staffan Widstrand; S. 35 Alamy/Daniel Dempster Photography; S. 37 Alamy/blickwinkel; S. 38 Ardea.com/John Daniels; S. 39 iStockphoto/Brent Melton; S. 41 Naturepl.com/Adriano Bacchella; S. 42 Getty Images/Barbara Peacock; S. 45 Getty Images/Tomonori Taniguchi; S. 46 Getty Images/Neo Vision; S. 50 Rex Features; S. 51 Naturepl.com/Wegner/ARCO; S. 52 Alamy/ Kathy Wright; S. 53 Alamy/Juniors Bildarchiv; S. 54 Getty Images/Jim Corwin; S. 55 Alamy/ Linn Arvidsson; S. 57 Alamy/Michael Clark; S. 58 Shutterstock/Dewayne Flowers; S. 61 Corbis/Herbert Spichtinger/zefa; S. 65 Naturepl.com/Jason Smalley; S. 67 Ardea.com/ Rolf Kopfle; S. 69 Alamy/ImageState/Martin Ruegner; S. 71 Getty Images/altrendo nature; S. 73 Ardea.com/Jean Michel Labat; S. 75 Photolibrary Group/Juniors Bildarchiv; S. 77 Corbis/Dale C. Spartas; S. 78 Alamy/Arco Images; S. 79 Photolibrary Group/Juniors Bildarchiv; S. 80 Corbis/zefa/Herbert Spichtinger; S. 84 Ardea.com/John Daniels; S. 99 Getty Images/ GK Hart/Vikki Hart; S. 100 Ardea.com/Jean Michel Labat; S. 116 Corbis/Jim Craigmyle; S. 129 Octopus Publishing Group/Russell Sadur; S. 131 Alamy/Petra Wegner; S. 135 Shutterstock/Nick Stubbs; S. 137 Shutterstock/ Sarit Saliman; S. 139 Corbis/Dale C. Spartas

Titelfoto: Heike Schmidt-Röger
Einklinker re + li: Heike Schmidt-Röger
Einklinker Mitte: Special Photography
© Octopus Publishing
Group Limited/Russel Sadur

Impressum

First published in Great Britain in 2008 by Hamlyn, an Imprint of Octopus Publ. Group Ltd, 2-4 Heron Quays, Docklands, London E14 4JP.
Copyright © Otopus Publishing Group 2008. All rights reserved.

Hinsichtlich der in diesem Buch angegebenen Dosierungen von Medikamenten usw. wurde die größtmögliche Sorgfalt beachtet. Gleichwohl werden die Leser aufgefordert, die entsprechenden Beipackzettel der Hersteller zur Kontrolle heranzuziehen.
Die beispielhafte Auflistung von Medikamenten bzw. Wirkstoffen ist kein Beweis dafür, dass diese in Deutschland zugelassen sind. Der behandelnde Tierarzt ist aufgefordert, die jeweilige (Zulassungs-)Situation zu überprüfen.
Die in diesem Buch enthaltenen Empfehlungen und Angaben sind vom Autor mit größter Sorgfalt zusammengestellt und geprüft worden. Eine Garantie für die Richtigkeit der Angaben kann aber nicht gegeben werden. Der Autor und der Verlag übernahmen keinerlei Haftung für Schäden und Unfälle.
Der Verlag ist nicht verantwortlich für den Inhalt von Links.

Bibliografische Information der Deutschen Nationalbibliothek
Die Deutsche Nationalbibliothek verzeichnet diese Publikation in der Deutschen Nationalbibliografie; detaillierte bibliografische Daten sind im Internet über http://dnb.d-nb.de abrufbar.

Das Werk einschließlich aller seiner Teile ist urheberrechtlich geschützt. Jede Verwertung außerhalb der engen Grenzen des Urheberrechtsgesetzes ist ohne Zustimmung des Verlages unzulässig und strafbar. Das gilt insbesondere für Vervielfältigungen, Übersetzungen, Mikroverfilmungen und die Einspeicherung und Verarbeitung in elektronischen Systemen.

© 2008 Eugen Ulmer KG
Wollgrasweg 41, 70599 Stuttgart (Hohenheim)
E-Mail: info@ulmer.de
Internet: www.ulmer.de
Redaktionelle Bearbeitung: Antje Springorum
Herstellung: Gabriele Wieczorek
Umschlagentwurf: Atelier Reichert, Stuttgart
DTP: Satz+Layout Fruth GmbH, München
Druck und Bindung: Toppan, Hong Kong
Printed in China

ISBN 978-3-8001-5747-1